教育部职业教育与成人教育司推荐教材

中等职业学校计算机应用与软件技术专业教学用书

Visual Basic 程序设计基础（第 2 版）

杜秋华　主编

侯穗萍　董艳辉　副主编

人民邮电出版社

北　京

图书在版编目（CIP）数据

Visual Basic程序设计基础 / 杜秋华主编.—2版.—北京：人民邮电出版社，2009.10
教育部职业教育与成人教育司推荐教材. 中等职业学校计算机应用与软件技术专业教学用书
ISBN 978-7-115-21298-6

I. V… II. 杜… III. BASIC语言－程序设计－专业学校－教材 IV. TP312

中国版本图书馆CIP数据核字（2009）第167125号

内 容 提 要

本书详细地介绍使用 Visual Basic 6.0 进行可视化编程的基础知识和操作方法，重点帮助读者建立可视化编程的思想，使读者具备使用可视化编程语言进行程序设计的能力。全书共 11 章，主要包括 Visual Basic 6.0 程序设计基础，Visual Basic 6.0 常用程序结构设计，数组、窗体和常用控件的使用，过程的使用，菜单栏和工具栏设计，图像处理及绘图，程序维护与调试等。

本书使用案例教学的模式进行的编写，知识点由浅入深、循序渐进，力求通俗易懂、简洁实用，突出 Visual Basic 6.0 中文版的功能及易学易用的特色。本书精心安排了大量精彩、有趣的案例，结合实际，趣味性浓，操作性强，有助于读者在掌握基本知识和基本编程方法的同时，了解 Visual Basic 在实际应用程序编写过程中的作用，为掌握程序开发技能打下坚实的基础。

本书适合作为中等职业学校"可视化编程应用"课程的教材，也可以作为 Visual Basic 6.0 初学者的自学参考书。

教育部职业教育与成人教育司推荐教材
中等职业学校计算机应用与软件技术专业教学用书

Visual Basic 程序设计基础（第 2 版）

◆ 主　编　杜秋华

　　副 主 编　侯穗萍　董艳辉

　　责任编辑　王亚娜

◆ 人民邮电出版社出版发行　　北京市崇文区夕照寺街 14 号
　　邮编　100061　　电子函件　315@ptpress.com.cn
　　网址　http://www.ptpress.com.cn
　　中国铁道出版社印刷厂印刷

◆ 开本：787×1092　1/16
　　印张：15.25
　　字数：379 千字　　　　　　　　2009 年 10 月第 2 版
　　印数：1 – 3 000 册　　　　　　 2009 年 10 月河北第 1 次印刷

ISBN 978-7-115-21298-6

定价：24.00 元

读者服务热线：(010)67170985　印装质量热线：(010)67129223
反盗版热线：(010)67171154

本 书 编 委 会

丛 书 前 言

实施信息化的关键在人才，在我国各行各业都需要大批的各个层次的计算机应用专业人才。在未来几年内，我国经济和社会发展对计算机应用与软件技术专业初级人才具有很大的需求，而这些人才的培养主要由中等职业教育来承担。要培养具备综合职业能力和全面素质，在生产、服务、技术和管理等第一线工作的技能型人才，必须在课程开发上，从职业岗位技能分析入手，以教材建设推动中等职业教育教学改革，从而提高中等职业教育质量。

人民邮电出版社根据《教育部等七部门关于进一步加强职业教育工作的若干意见》的指示精神，在深入调查研究的基础上，会同企业技术专家、中等职业学校教师、职业教育教研人员按照专业的"培养目标与规格"教学要求进行整体规划设计了本套教材。本套教材以教育部办公厅、信息产业部办公厅联合颁布的"中等职业学校计算机应用与软件技术专业领域技能型紧缺人才培养培训指导方案"为依据，遵循"以全面素质为基础，以职业能力为本位；以企业需求为基本依据，以就业为导向；适应行业技术发展，体现教学内容的先进性和前瞻性；以学生为主体，体现教学组织的科学性和灵活性"等技能型紧缺人才培养培训的基本原则。

本套教材适用于中等职业学校计算机及相关专业，按计算机软件、多媒体应用技术、计算机网络技术及应用等 3 个专业组织编写。在教学内容的编排上，力求着重提高受教育者的职业能力，具备如下特点。

（1）在具备一定的知识系统性和知识完整性的情况下，突出中等职业教育的特点，在写作的过程中把握好"必须"和"足够"这两个"度"。

（2）任务驱动，项目教学。让学生零距离接触所学知识，拓展学生的职业技能。

（3）按照中等职业教育的教学规律和学生认知特点讲解各个知识点，选择大量与知识点紧密结合的案例。

（4）由浅及深，由易到难，循序渐进，通俗易懂，理论与案例制作相结合，实用与技巧相结合。

（5）注重培养学生的学习兴趣、独立思考能力、创造性和再学习能力。

（6）适量介绍有关业内的专业知识和案例，使学生学习后可以尽快胜任岗位工作。

为了方便教师教学，我们提供辅助教师教学的"电子教案、习题答案以及模拟考试试卷"，其中部分教材配备为老师教学而提供的多媒体素材库，并发布在人民邮电出版社网站（www.ptpress.com.cn）的下载区中。

随着中等职业教育的深入改革，编写中等职业教育教材始终是一个新课题；我们衷心希望，全国从事中等职业教育的教师与企业技术专家与我们联系，帮助我们加强中等职业教育教材建设，进一步提高教材质量。对于教材中存在的不当之处，恳请广大读者在使用过程中给我们多提宝贵意见。联系方式：wangyana@ptpress.com.cn。

前　言

　　本书以 Visual Basic 6.0 为蓝本，详细介绍使用 Visual Basic 进行可视化编程的基础知识以及操作方法，帮助学生利用 Visual Basic 进行简单的人机交互界面的设计以及简单程序的开发。

　　本书在内容的安排上尽量做到精简，在叙述上尽量做到通俗易懂，循序渐进地向学生讲授如何使用 Visual Basic 6.0 进行可视化编程。全书框架清晰，结构紧凑，简单易懂，既方便教师讲授，又便于学生理解和掌握。

　　为了便于教学，本书使用"传统教材+典型案例"的模式进行编写。在理论知识的讲解中，遵循由浅入深的原则，力求简洁明了、通俗易懂，突出 Visual Basic 6.0 中文版的功能及易学易用的特色；在案例的选择上，力求结合实际，选择趣味性和操作性较强的案例，既有简单实用的日常小程序，又有趣味小游戏，避免了单纯编程的枯燥，在保持学生兴趣的同时提高学生的实际编程能力。

　　为方便教师教学，本书配备了内容丰富的教学资源包，教师可登录人民邮电出版社教学服务与资源网（www.ptpedu.com.cn）免费下载使用。

　　本课程的建议教学时数为 96 学时，各章的教学课时可参考下面的课时分配表。

章　节	课　程　内　容	课　时　分　配	
		讲授	实践训练
第 1 章	Visual Basic 程序设计基础	2	2
第 2 章	顺序结构程序设计	4	4
第 3 章	选择结构程序设计	4	4
第 4 章	循环结构程序设计	4	4
第 5 章	数组	4	4
第 6 章	窗体和常用控件	6	6
第 7 章	过程	4	4
第 8 章	菜单栏、工具栏设计	6	6
第 9 章	图像处理及绘图	4	4
第 10 章	程序调试与维护	6	6
第 11 章	综合案例	4	4
课　时　总　计		48	48

　　本书由杜秋华主编，侯穗萍、董艳辉任副主编，参加本书编写工作的还有沈精虎、黄业清、宋一兵、谭雪松、向先波、冯辉、郭英文、计晓明、董彩霞、滕玲、郝庆文、田晓芳等。

　　由于编者水平有限，书中难免存在疏漏之处，敬请各位老师和同学指正。

编者

2009 年 7 月

目 录

Visual Basic 程序设计基础

Visual Basic 6.0 是 Microsoft 公司推出的一个可视化、面向对象且基于事件驱动的集成开发环境，使用它用户可以高效快捷地创建各种 Windows 应用程序。Visual Basic 6.0 一方面继承了 Basic 语言简单易学的优点，另一方面采用了事件驱动的编程机制，现已成为易学实用、功能强大的 Windows 应用程序开发工具。

❖ 掌握 Visual Basic 6.0 的启动方法。
❖ 熟悉 Visual Basic 6.0 的集成开发环境。
❖ 掌握 Visual Basic 6.0 编程的一般过程。

1.1 知识解析

用传统的面向对象语言进行程序设计时，主要的工作就是编写程序代码，遵循"编程→调试→改错→运行"的模式。而在使用 Visual Basic 6.0 开发应用程序时，打破了这种模式，使程序开发过程大为简化，且更容易掌握。

1.1.1 Visual Basic 6.0 的启动和集成开发环境

同大多数应用软件一样，Visual Basic 6.0 为用户提供了方便、快捷的集成开发环境，该开发环境和 Microsoft 的一般常用商业软件（如 Word、Excel）类似，由一些窗口、菜单栏、工具栏等组成，用户通过使用这些窗口、菜单栏、工具栏便可以开发、调试以及发布应用程序。在使用 Visual Basic 6.0 开发应用程序之前，首先需先启动 Visual Basic 6.0。

【例1-1】 启动 Visual Basic 6.0。

【操作步骤】

1. 单击 Windows 桌面上的 开始 按钮，弹出【开始】菜单，把鼠标指针移到【程序】命令上，将弹出下一级联菜单。
2. 把鼠标指针移到【Microsoft Visual Basic 6.0 中文版】命令上，弹出下一级联菜单，即进入 Visual Basic 6.0 程序组，如图 1-1 所示。
3. 选择【Microsoft Visual Basic 6.0 中文版】命令，弹出【新建工程】对话框，默认选项 （标准 EXE）被选中，如图 1-2 所示。

图1-1　启动 Visual Basic 6.0 中文版

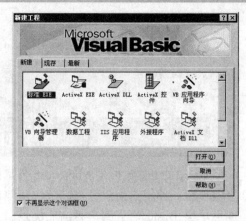

图1-2　【新建工程】对话框

4. 勾选对话框下方的【不再显示这个对话框】复选框。

5. 单击 打开(O) 按钮，打开如图 1-3 所示的窗口，即表示已启动 Visual Basic 6.0。

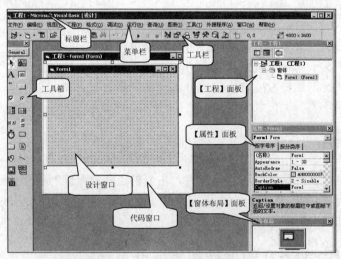

图1-3　Visual Basic 6.0 集成开发环境主窗口

① 除了利用【开始】菜单来启动 Visual Basic 6.0 之外，还可以直接双击桌面上的快捷方式图标来启动程序。Visual Basic 6.0 快捷方式图标的创建可参考 Windows 操作。

② 在【新建工程】对话框中，除了可以创建通用的应用程序（即标准工程）之外，还可以创建高级应用程序，如动态链接库。

③ 在【新建工程】对话框中勾选【不再显示这个对话框】复选框，则以后启动程序创建应用程序时，默认创建通用应用程序，不再弹出【新建工程】对话框；如果不勾选该复选框，则下次启动时还会弹出该对话框。

说明

【例1-2】　熟悉 Visual Basic 6.0 集成开发环境。

【操作步骤】

1. 按照前面介绍的步骤，新建一个标准工程，进入 Visual Basic 6.0 集成开发环境主窗口（见图 1-3）。

2. 在【工程】面板中选中窗体，窗体的所有属性都显示在【属性】面板中。在【属性】面板中选中某一栏，对应于该属性的解释便显示在下方的属性解释区中，如图 1-4 所示。

3. 单击【工程】面板上面的查看代码按钮，打开如图 1-5 所示的代码窗口。

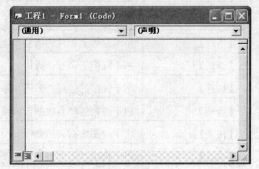

图1-4　【属性】面板　　　　　　　　　　　　　　　图1-5　代码窗口

4. 单击【工程】面板上面的查看对象按钮，打开窗体。

5. 在【视图】菜单中选择相应的命令，便可以激活对应的窗口。例如，选择【视图】/【代码窗口】命令，便可以打开代码窗口。

6. 选择【调试】/【启动】命令或者直接单击工具栏上的 ▶ 按钮，便可以运行程序。

7. 单击工具栏上的 ■ 按钮，停止程序。

8. 单击工具栏上的 ■ 按钮，弹出如图 1-6 所示【文件另存为】对话框。

图1-6　【文件另存为】对话框

9. 单击 保存(S) 按钮，保存窗体文件（后缀名为.frm 的文件），弹出和图 1-6 类似的【工程另存为】对话框。（文件保存路径读者自行选择。）

10. 单击 保存(S) 按钮，完成了对工程的保存（后缀名为.vbp 文件）。

　　在 Visual Basic 6.0 中，除了对工程文件进行保存之外，还需对所有资源文件进行保存，即【工程】面板中所有显示的文件。

【知识链接】

Visual Basic 6.0 的集成开发环境主窗口由标题栏、菜单栏、工具栏、工具箱、设计窗口、代码窗口、【属性】面板、【窗体布局】面板、【工程】面板等组成。

- 菜单栏：菜单栏包括 13 个下拉菜单，汇集了程序开发过程中要用到的命令，各菜单的功能如表 1-1 所示。

表 1-1   菜单栏介绍

菜单	功能
【文件】	用于创建、打开、保存、显示最近打开的工程以及生成可执行文件
【编辑】	用于复制、剪切、粘贴等编辑功能
【视图】	用于打开或激活各种窗口和工具栏
【工程】	用于管理当前工程，如向工程中添加窗体和其他工程组件
【格式】	用于窗体上控件的调整，包括各种对齐操作
【调试】	用于程序的调试、查错
【运行】	用于程序的运行、暂停和停止
【查询】	用于与数据库有关的查询操作
【图表】	用于与图表有关的操作
【工具】	用于调用常用的工具，如添加过程、菜单等
【外接程序】	用于向工程添加或删除外接程序
【窗口】	用于对已打开的窗口进行布局，如层叠、平铺
【帮助】	用于帮助用户学习 Visual Basic 6.0

- 工具栏：工具栏是菜单栏对应菜单的快捷方式，选择菜单命令和在工具栏中单击对应按钮所实现的功能是一样的，如选择【调试】/【启动】命令或者直接单击工具栏上的按钮 ▶，都可以运行程序。
- 工具箱：工具箱提供了一组用于进行界面设计的工具，主要由一些常用控件的按钮组成，如图 1-7 所示。在工具箱中只显示了常用的 21 个控件，用户还可以通过选择【工程】/【部件】命令，向窗体中添加控件，具体操作过程将在以后章节中介绍。
- 设计窗口：设计窗口具有标准窗口的一切功能，可被拖动、最小化、最大化以及关闭。下面也将设计窗口简称为"窗体"，它是应用程序的"主容器"，可以在上面装控件、菜单、工具栏等，一个应用程序至少需要一个窗体。

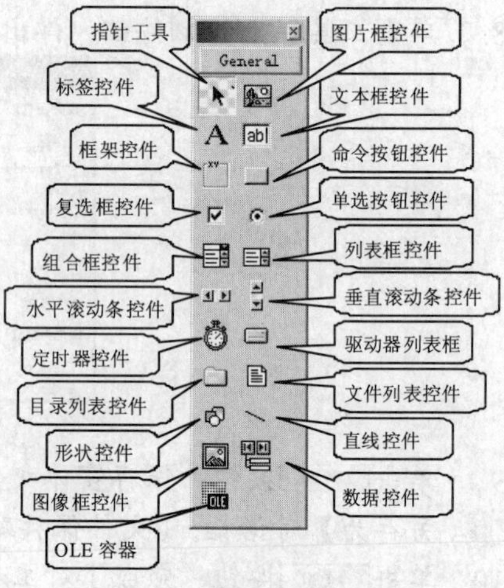

图1-7 工具箱

- 【属性】面板：【属性】面板如图 1-8 所示，由 3 部分组成，主要用于窗体或控件属性的设置。窗体和控件是 Visual Basic 6.0 中最常用的两个对象，它们各自有自己的特征，这些特征都显示在【属性】面板中，如颜色、大小、位置等。
- 代码窗口：代码窗口是专门用于编写程序代码的窗口，主要由 3 部分组成，如图 1-9 所示。对象列表框用于显示当前被选中窗体及窗体上所有的控件、菜单、工具栏等；过程列表框用于显示各种事件过程名称；代码编辑区用于编写代码。

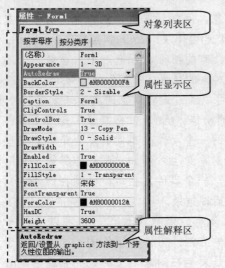

图1-8　【属性】面板

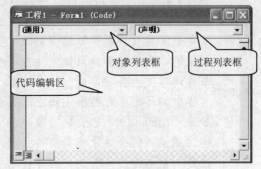

图1-9　代码窗口

- 【工程】面板：【工程】面板主要用于显示组成应用程序的所有文件，如窗体文件（后缀为.frm）、模块文件（后缀为.bas）、类文件（后缀为.cls）等。面板中间的 3 个按钮用来切换窗口。查看代码按钮 用于打开代码窗口；查看对象按钮 用于打开窗体；切换文件夹按钮 用于确定是否按类分文件。如果这些按钮被选中，表示每类文件放在同一个文件夹下，如窗体文件都放在窗体文件夹下，如图 1-10（a）所示；否则只将所有文件显示在文件列表框中，并不分类，如图 1-10（b）所示。当在【工程】面板中选中的文件不同时，可用的按钮也不一样。例如，单击选中窗体文件时，3 个按钮都可用，如图 1-10（b）所示。

（a）按类分文件的【工程】面板

（b）不按类分文件的【工程】面板

图1-10　【工程】面板

1.1.2　Visual Basic 6.0 程序开发过程

Visual Basic 6.0 采用可视化技术进行程序开发。通过调用控件，设置、控制对象属性，可以实时显示用户界面布局，并根据开发者的需要及时调整，大大缩短了应用程序界面的开发时间。

对象、属性、事件、方法是 Visual Basic 6.0 可视化编程最基本的 4 个概念，在使用 Visual Basic 6.0 进行程序开发之前，需充分理解这4个概念。

- 对象（Object）：任何事物都可看做对象，例如计算机、鼠标都可看做对象。在 Visual Basic 6.0 中，对象主要分为两类：窗体（Form）和控件（Control）。
- 属性（Property）：属性指的是对象所具有的特征，若把一个人看做一个对象，那么人的姓名、身高、体重则是这个对象的属性。在 Visual Basic 中，一个按钮有 Caption、Name、Font 等属性，可以通过设置对象的属性来改变其外观。
- 事件（Event）：事件是发生在对象上的动作。例如，"搬桌子"是一个事件，该事件是发生在"桌子"这个对象之上的一个动作。事件的发生是针对某些特定对象的，即某些事件只能发生在某些对象身上，例如"考试作弊被抓住"这一事件通常发生在"学生"这个对象上。一个事件发生后，必须在该事件对应的过程中编写相应的程序代码才能实现某种结果。
- 方法（Method）：方法是对象本身所含有的函数或过程，也可以看做一个动作。通常，每个对象都具有自己特定的方法。方法与事件的不同之处在于，方法是对象本身所具有的，而事件通常是发生在对象之上的，并且通常是外部动作触发的结果。在 Visual Basic 中，方法和事件分别表现如下。

事件：

```
Private Sub  对象名_事件名
    （事件响应代码）
End Sub
```

方法：

```
对象名.方法名
```

【例1-3】 熟悉 Visual Basic 6.0 程序开发过程。

【操作步骤】

1. 启动 Visual Basic 6.0，新建一个标准工程。
2. 在工具箱中双击标签控件 **A**，在窗体中新建了一个标签控件，且该控件被选中，如图 1-11 所示，标签控件对应的属性显示在【属性】面板中。
3. 单击【属性】面板的【AutoSize】栏，在打开的下拉列表中选择【True】选项。
4. 双击【属性】面板的【Caption】栏，删除 "Label1"，输入 "欢迎进入 Visual Basic 6.0"，【属性】面板变为如图 1-12 所示。

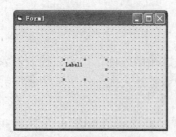

图1-11 添加标签控件后的窗体

图1-12 设置属性后的【属性】面板

5. 在【工程】面板中单击查看代码按钮，打开代码窗口。

6. 单击代码窗口中对象列表框右端的箭头，打开对象下拉列表，选择【Form】选项，代码窗口变为如图 1-13 所示。

7. 单击过程列表框右端的箭头，打开过程下拉列表，选择【Click】选项，代码窗口变为如图 1-14 所示。

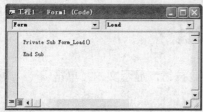

图1-13 选择对象后的代码窗口

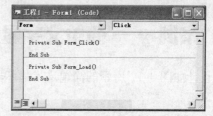

图1-14 选择过程后的代码窗口

8. 将 "Private Sub Form_Click()   End Sub" 删除，在代码窗口中新增如下阴影代码：

```
Private Sub Form_Click()
Label1.Visible = Not Label1.Visible
End Sub
```

9. 保存工程，单击工具栏上的 ▶ 按钮，运行程序，窗体如图 1-15 所示。

10. 在窗体上单击鼠标，窗口上的文字消失。再次单击鼠标，文字又被显示。注意：单击鼠标要有一定的时间间隔。

11. 单击工具栏上的 ■ 按钮，停止程序。

12. 选择【视图】/【工具栏】/【调试】命令，弹出如图 1-16 所示【调试】工具栏，使用该工具栏可以调试程序，具体调试过程将在以后章节介绍。

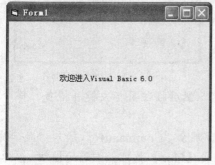

图1-15 【例 1-3】显示结果

图1-16 【调试】工具栏

【知识链接】

(1) 修改对象属性的方法有如下两种。

- 在【属性】面板中找到相应的属性进行设置，如上例操作步骤的第 3、4 步。

- 在程序代码中通过编程设置。具体设置方法如下：

```
对象名.属性名=属性值
```

例如，第 8 步中的代码：Label1.Visible = Not Label1.Visible

(2) Visual Basic 6.0 的对象已经被抽象为窗体和控件，因而程序设计过程大大简化。Visual Basic 6.0 的最大特点就是以较快的速度和较高的效率开发出具有良好界面的 Windows 应用程序。用 Visual Basic 6.0 开发应用程序一般需要以下 5 步。

① 新建工程，建立可视化用户界面，如操作步骤的第 1、2 步。

② 设置可视化界面特性，如操作步骤中的第 3、4 步。

③ 编写事件驱动代码，如操作步骤中的第 5~8 步。

④ 运行程序，如操作步骤中的第 10、11 步。

⑤ 调试程序，如操作步骤中的第 12 步。

1.2 案例——简单文字显示程序设计

设计如图 1-17 所示的简单文本显示器，单击 显示 按钮，显示文本；单击 清除 按钮，清除文本。

【操作步骤】

1. 启动 Visual Basic 6.0，新建一个工程。

2. 在【工程】面板中选中窗体。如果窗体不可见，选择【视图】/【对象窗口】命令，便可以显示窗体。

3. 在工具箱中，双击命令按钮控件（CommandButton）■，向窗体中添加 1 个命令按钮控件，并且命令按钮控件"Command1"周围就会出现 8 个蓝色的小方块，代表控件被选中，如图 1-18 所示。

图1-17 简单文本显示器

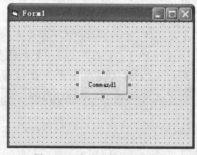

图1-18 添加命令按钮后的窗体

4. 将鼠标指针移到命令按钮控件"Command1"上，然后按住鼠标左键并拖曳，将命令按钮控件"Command1"移动到窗体的左下角位置。

5. 双击【属性】面板中的【Caption】属性栏，然后删除"Command1"，输入"显示"。

6. 单击【属性】面板中的【Font】属性栏，然后单击【Font】属性栏右端的按钮…，弹出如图 1-19 所示【字体】对话框，在【大小】栏中选择【小三】，如图 1-19 所示。

7. 单击 确定 按钮，返回到主窗体。

8. 以同样的方式向窗体右下角添加 1 个命令按钮控件"Command2"，并将【Caption】属性设置为"清除"，字体大小设置为"小三"。

9. 在工具箱中双击标签控件A，向窗体中添加一个标签控件。并将标签控件的【AutoSize】属性设置为"True"，【Caption】属性设置为"欢迎进入 Visual Basic 6.0"，【Visible】属性设置为"False"。添加控件后的窗体如图 1-20 所示。

10. 双击窗体的空白处（注意不要在标题栏上双击），打开代码窗口，并为窗体添加 Load 事件，如图 1-21 所示。

图1-19 【字体】对话框   图1-20 主窗体   图1-21 添加 Load 事件

11. 单击【工程】面板上面的查看对象按钮 ，将窗体置于最上层。

12. 在窗体上双击命令按钮控件 "Command1"，再次打开代码窗口，并为命令按钮添加 Click 事件。

13. 重复第 11~12 步，为命令按钮控件 "Command2" 添加 Click 事件。

14. 在代码窗口中分别为窗体的 Load 事件、命令按钮控件 "Command1" 的 Click 事件及命令按钮控件 "Command2" 的 Click 事件添加如下响应代码：

```
Private Sub Form_Load()
'如果文本可见，只有"清除"按钮可用
If Label1.Visible Then
  Command1.Enabled = False
  Command2.Enabled = True
'如果文本不可见，只有"显示"按钮可用
Else
  Command1.Enabled = True
  Command2.Enabled = False
  End If
End Sub

Private Sub Command1_Click()
'显示文本
Label1.Visible = True
'如果文本可见，只有"清除"按钮可用
 Command1.Enabled = False
 Command2.Enabled = True
End Sub

Private Sub Command2_Click()
'清除文本
Label1.Visible = False
'如果文本不可见，只有"显示"按钮可用
Command2.Enabled = False
Command1.Enabled = True
End Sub
```

15. 保存工程，单击工具栏上的 ▶ 按钮，运行程序。

16. 单击 显示 按钮，文本被显示，并且 清除 按钮可用， 显示 按钮变为不可用；单击 清除 按钮，文本不可见， 显示 按钮变为可用，而 清除 按钮不可用。

17. 单击工具栏上的 ■ 按钮，停止程序。

【案例小结】

本案例通过一个简单的文本显示程序，进一步熟悉了 Visual Basic 6.0 的集成开发环境，初步掌握了利用 Visual Basic 6.0 开发应用程序的一般步骤。

习题

一、选择题

1. 为了把窗体上的某个控件变为活动的，应执行的操作为_____。
   A．单击窗体的边框　　　　　　B．单击该控件的内部
   C．双击该控件　　　　　　　　D．双击窗体

2. 假定已在窗体上放置了多个控件，并有一个是活动的，为了在【属性】面板中设置窗体的属性，预先应执行的操作为_____。
   A．单击窗体上没有控件的地方　B．单击任何一个控件
   C．不执行任何操作　　　　　　D．双击窗体的标题栏

3. 为了同时改变一个活动控件的高度和宽度，正确的操作是_____。
   A．拖曳控件 4 个角上的某个小方块
   B．只能拖曳位于控件右下角的小方块
   C．只能拖曳位于控件左下角的小方块
   D．不能同时改变控件的高度和宽度

4. 在设计阶段，当双击窗体上的某个控件时，打开的是_____。
   A．【工程】面板　　　　　　　B．工具箱
   C．代码窗口　　　　　　　　　D．【属性】面板

5. 工程文件的扩展名是_____。
   A．.vbg　　　　　B．.vbp　　　　　C．.vbw　　　　　D．.vbl

二、填空题

1. Visual Basic 6.0 中的对象主要分为_____、_____两类。

2. Visual Basic 6.0 是一种面向_____的可视化编程语言，采用了事件驱动的编程机制。

3. 编写 Visual Basic 程序代码需要在_____窗口进行。

二、编程题

在窗体上画一个文本框和两个命令按钮，并把两个命令按钮的标题分别设置为"隐藏文本框"和"显示文本框"，单击第 1 个命令按钮时，文本框消失；当单击第 2 个命令按钮时，文本框重新出现，并在文本框中显示"VB 程序设计"（字体大小为"16"）。

顺序结构程序设计

Visual Basic 6.0 是在 Basic、GW-Basic、Quick Basic 等语言的基础上发展起来的，它保留了 Basic 语言的基本数据类型、语法和控制结构，并对其中的某些语句和函数的功能作了修改或扩展，根据可视化编程技术的要求增加了一些新的功能。

- ❖ 掌握 Visual Basic 6.0 代码编写规则。
- ❖ 熟悉 Visual Basic 6.0 数据类型。
- ❖ 熟悉变量的概念及使用。
- ❖ 掌握输入对话框、消息对话框调用的方法。
- ❖ 熟悉编程中的表达式及运算符的使用。
- ❖ 掌握设计顺序结构的方法。

2.1 知识解析

数据是程序的必要组成部分，也是程序处理的对象。Visual Basic 6.0 提供了系统定义的基本数据类型，并且允许用户根据自己的需要定义自己的数据类型。

2.1.1 Visual Basic 6.0 代码编写规则

Visual Basic 6.0 中的代码以行为单位，每行包括一条语句（类似于一句话），每行代码输入完成后按 Enter 键结束。一行代码通常只写一条语句，如果一条语句太长，可用续行符"_"把一个长语句分成若干行，续行符与它前面的字符之间至少要有一个空格。

为了提高用户编写代码的效率，Visual Basic 6.0 为用户提供了代码编辑区，该编辑器具有一定智能，能替用户自动填充语句、属性和参数。另外，为了减少代码的出错，Visual Basic 6.0 还提供了自动语法检测功能，能自动对输入的内容进行语法检查，如果发现了语法错误，则弹出 1 个提示框，提示出错的原因。

【例2-1】 掌握代码编辑区的智能功能。

【操作步骤】

1. 新建一个标准工程。
2. 双击窗体空白处，打开代码窗口，并为窗体添加 Load 事件。

3. 在代码 "Private Sub Form_Load()" 下面输入 "Form1."，在输入 "."后，代码编辑区会弹出属性列表框，如图 2-1 所示，窗体 Form1 的所有属性和方法都显示在该列表框中。在列表框中选择【AutoReDraw】选项，【AutoReDraw】属性自动添加到 "Form1." 后面。

4. 在代码 "Form1. AutoReDraw" 后面输入 "="，代码编辑区会弹出属性值列表框，如图 2-2 所示，【AutoReDraw】属性的所有属性值都显示在该列表框中。在列表框中选择【True】选项，True 属性值自动添加到 "Form1. AutoReDraw=" 后面。

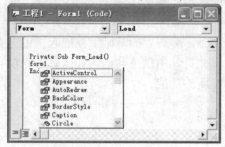
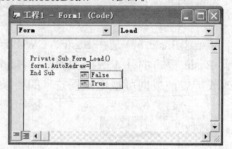

图2-1 属性列表框   图2-2 属性值列表框

5. 按 Enter 键输入下一行代码。输入 "Dim a As "。当键入 As 后的空格时，代码编辑区会弹出数据类型列表框，如图 2-3 所示，在列表框中选择【Integer】选项。（为了便于查找到【Integer】选项，可在空格后先输入字母 "I"。）

6. 利用代码编辑区的智能提示功能，输入 "Dim b As Integer"、"Dim c As Integer" 两行代码。

7. 输入 "a="，然后按 Enter 键，弹出如图 2-4 所示的错误提示框，提示输入语法错误。

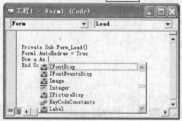

图2-3 数据类型列表框   图2-4 错误提示框

8. 单击 确定 按钮，返回到代码窗口，重新输入 "a=2"。

9. 依次输入剩下代码，最终代码如下：

```
Private Sub Form_Load()
    Form1.AutoRedraw = True
    Dim a As Integer,b As Integer,c As Integer
    a = 2
    b = 3
    c = a + b
    Form1.Print "a=2"
    Form1.Print "b=3"
    Form1.Print "c=a+b"
    Form1.Print "c=" & Str(c)    '显示c的值
End Sub
```

10. 保存工程，单击工具栏上的 ▶ 按钮，运行程序，窗体如图 2-5 所示。

11. 单击工具栏上的 ■ 按钮，停止程序。

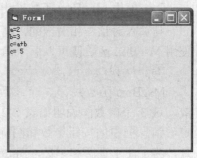

图2-5　【例 2-1】显示结果

【知识链接】

(1) 在代码编辑区完成某些特殊字符（如空格符、"="、"."等）的输入之后系统会自动弹出各种列表框，利用代码编辑区可以快速完成关键字、对象属性、对象属性值、变量的输入。如例 2-1 中窗体【AutoRedraw】属性的设置。在以后的程序设计中，要充分利用代码编辑区，快速完成代码的输入。

(2) 为了提高程序的可读性，通常应在程序的适当位置加上必要的注释。在 Visual Basic 6.0 中，添加注释语句有两种方法，一种是用"Rem"关键字，另一种是利用英文单引号"'"。如例 2-1 中，"显示 c 的值"为注释文字，除了使用英文单引号"'"来标示之外，还可以直接在其前面加上"Rem"关键字，使其成为注释。

(3) 赋值语句的作用是将指定的值赋给某个变量或某个带有属性的对象，一般格式为：

目标操作符　=　原操作符

赋值语句兼有计算与赋值双重功能，它首先计算赋值号右边"原操作符"的值，然后把结果赋给赋值号左边的"目标操作符"。如例 2-1 中，赋值语句"a=2"、"Form1.AutoRedraw = True"。

2.1.2　数据的输入、输出

1.　使用 InputBox 函数输入数据

使用 InputBox 函数可以调用输入对话框，如图 2-6 所示，用户通过输入对话框完成数据的输入，具体语法结构如下：

```
InputBox(Prompt[,Title][,Default][,Xpos][,Ypos][,Helpfile][,Context])
```

InputBox 函数共有 7 个参数，带方括号的参数为可选参数，即该参数可省略。如果没有特殊说明，只要参数带有方括号，表示该参数可选。在这 7 个参数中最常用的为"Prompt"，"Title"和"Default"3 个参数，这 3 个参数的说明如表 2-1 所示。

图2-6　输入对话框

表 2-1　　　　　　　　　　　　　　　　InputBox 函数的参数

参数	选择性	含义
Prompt	必选	对话框中显示的提示字符串，最大长度为 1 024 个字符
Title	可选	对话框的标题，默认时为应用的名字
Default	可选	默认的输入字符串，如没有输入内容，则返回该值，该项默认时对话框的输入文本框为空

2. 使用 MsgBox 函数输出数据

与输入对话框相对应的，消息对话框可看做是输出对话框，向用户反馈一些提示消息。使用 MsgBox 函数便可以调用消息对话框，如图 2-7 所示，具体语法结构如下：

```
MsgBox(Prompt[,Buttons][,Title][,Helpfile][,Contex])
```

MsgBox 函数共有 5 个参数，其中最常用的为"Prompt"、"Title"和"Buttons"3 个参数，这 3 个参数的说明如表 2-2 所示。在这 3 个常用参数中，Buttons 参数尤为重要，它决定着消息框中的按钮个数和图标样式，表 2-3 列出了 Buttons 参数常用的一些属性值。另外，为了便于理解和记忆，Buttons 参数一般采用常量值来组合，即表中的第 2 列。

表 2-2 　　　　　　　　　　　　　　　MsgBox 函数的参数说明

参数	选择性	含义
Prompt	必选	显示的消息字符串表达式，最大长度为 1 024 个字符，可以使用与 InputBox 函数同样的方法，使消息多行显示
Buttons	可选	用代表显示按钮数目和形式以及对话框风格的数字表达式表示，默认值为 0
Title	可选	对话框标题的字符串表达式，默认时为应用的名字

表 2-3 　　　　　　　　　　　　　　　Buttons 参数取值描述

数值	常量	含义
0	vbOKOnly	添加 确定 按钮
1	vbOKCancel	添加 确定 、 取消 按钮
2	vbAbortRetryIgnore	添加 终止(A) 、 重试(R) 、 忽略(I) 按钮
3	vbYesNoCancel	添加 是(Y) 、 否(N) 、 取消 按钮
4	vbYesNo	添加 是(Y) 、 否(N) 按钮
5	vbRetryCancel	添加 重试(R) 、 取消 按钮
16	vbCritical	添加 ✖ 图标
32	vbQuestion	添加 ? 图标
48	vbExclamation	添加 ⚠ 图标
64	vbInformation	添加 ⓘ 图标

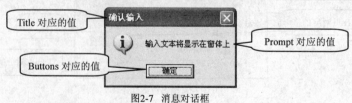

图2-7 　消息对话框

3. 使用 Print 方法输出数据

Print 方法也可用于数据的输出。如例 2-1 中，数据的显示便是通过 Print 方法来实现的。Print 方法使用的一般格式为：

```
[对象名称.] Print [表达式,|;表达式…][,|;]
```

"对象名称"是可选项，可以是窗体（Form）、立即窗口（Debug）、图片框（PictureBox）

或打印机（Printer），若省略对象名称，则在当前窗体上输出；"表达式"可以是一个或多个表达式，可以是数值表达式，也可以是字符表达式，如果是数值表达式，则输出表达式的值；如果是字符串表达式，则照原样输出；若省略表达式，则输出一个空行。当 Print 语句输出多项时，各项之间以逗号、分号或空格隔开。

【例2-2】 使用 Print 方法输出文本。

【操作步骤】

1. 新建一个标准工程。
2. 双击窗体空白处，打开代码窗口，并为窗体添加 Load 事件。
3. 单击过程列表框右端的箭头，打开过程下拉列表，选择【Click】选项，为窗体添加 Click 事件。
4. 在代码窗口中删除 Load 事件，并添加如下代码：

```
Private Sub Form_Click()
Form1.AutoRedraw = True
'调用输入窗口输入数据
myinput = InputBox("请输入要显示的文本:", "数据输入窗口")
'调用消息对话框，提示用户
MsgBox "输入文本将显示在窗体上", vbOKOnly + vbInformation, "确认输入"
'显示用户输入的数据
Form1.Print myinput
End Sub
```

5. 保存工程，单击工具栏上的 ▶ 按钮，运行程序。在窗体上单击鼠标，在弹出的输入对话框中输入"Visual Basic 6.0"，然后单击 确定 按钮，在弹出的消息对话框中单击 确定 按钮，窗体上显示所输入的文字，如图 2-8 所示。

6. 单击工具栏上的 ■ 按钮，停止程序。

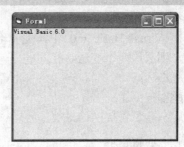

图2-8　【例 2-2】显示结果

【知识链接】

(1) InputBox 函数和 MsgBox 函数都有各自的返回值，如果要用到两个函数的返回值时，必须采用以下形式：

```
字符串变量=InputBox(…)
整型变量=MsgBox(Prompt[,Buttons][,Title][,Helpfile][,Contex])
```

如例 2-2 中便是将 InputBox 函数的返回值赋给 myinput。如果没有用到 InputBox 函数的返回值，则 InputBox、MsgBox 函数的括号必须省略，即

```
InputBox …, …, …
MsgBox …, …, …
```

(2) MsgBox 函数返回的是被单击的按钮，由 Buttons 参数值来决定，具体的返回值如表 2-4 所示。当消息对话框含有多个按钮时，用户还可以根据 MsgBox 函数返回值的不同，来执行不同的操作，这将在以后章节用到。

表 2-4   MsgBox 函数返回值

返回值	常量	说明
1	vbOK	确定 按钮
2	vbCancel	取消 按钮
3	vbAbort	终止(A) 按钮
4	vbRetry	重试(R) 按钮
5	vbIgnore	忽略(I) 按钮
6	vbYes	是(Y) 按钮
7	vbNo	否(N) 按钮

2.1.3 变量

变量是用来存放临时数据或结果数据的，通常有一个名字和特定的数据类型。给变量命名时，变量名最好容易使用且又能表明变量的用途。另外，还须遵守一定规则：

- 一个变量名的长度不能超过 255 个字符。
- 变量名的第一个字符必须是字母 A～Z，第一个字母可以是大写，也可以是小写，其余的字符可以由字母、数字和下画线组成，但不可以是小数点、%、&、!、#、@、$ 等代表变量类型的结尾符号。
- Visual Basic 6.0 中的保留字不能用做变量名，保留字包括 Visual Basic 6.0 的属性、事件、方法、过程、函数等系统内部的标识符。

根据上面的规则，class、my_var、sum 是合法的变量名，而 Elton. D. John、#9、8abc 等是不合法的变量名。

在 Visual Basic 6.0 中，变量名是不区分大小写的，也就是说如果有两个变量：abc 和 ABC，那么这两个变量是相同的。例如，如果有下面几条语句，系统会认为它们是相同的：

```
abc＝1;
ABC＝1;
AbC＝1;
```

1. 变量声明

在 Visual Basic 6.0 中，在使用某个变量之前，可以先不用声明（即定义）该变量，但为了养成良好的编程习惯，变量最好是先被声明后才能使用。变量声明的语法结构如下：

```
Declare  变量名  As  类型名
```

其中"Declare"可以是 Dim、Static、Public 或 Private；"As"是关键字；"类型名"为数据类型。例如，"Dim a As Integer"语句中，"a"为变量名，"Integer"为变量 a 能存放数据的类型。

2. 变量作用范围

变量作用范围是指变量能够被程序辨认的范围，变量在被声明时，声明所放置的位置就决定了变量的作用范围。根据变量的定义位置和所使用的变量定义语句的不同，Visual Basic 6.0 中的变量可以分为 3 类：局部变量、全局变量和模块变量。其中模块变量包括窗体模块变量和标准模块变量。3 种变量的区别如表 2-5 所示，对于单窗体程序而言，只有窗体变量和局部变量之分。

3.　变量的数据类型

数据类型不同，对其处理的方法也是不同的。只有相同（或兼容）的数据类型之间才能进行操作，不然在程序中会出现错误。在 Visual Basic 6.0 中，常用的数据类型包括数值型、字符型、布尔型、变体型以及用户自定义型等，常用数据类型如表 2-6 所示。

表 2-5　　　　　　　　　　　　　　变量类型

变量类型	作用范围	声明关键字
全局变量	程序中的任何窗体和模块都能访问它	Public
局部变量	只在定义它的过程和函数中有效	Dim 或 Static
模块变量	只在模块或窗体中起作用	Dim 或 Private

表 2-6　　　　　　　　　　　Visual Basic 6.0 基本数据类型

数据类型	存储空间	取值范围
Integer（整型）	2 字节	-32 768～32 767
Long（长整型）	4 字节	-2 147 483 648～2 147 483 647
Single（单精度）	4 字节	负数的取值范围为-3.402823E+38～-1.401298E-45 正数的取值范围为 1.401298E-45～3.402823E+38
Double（双精度）	8 字节	负数的取值范围为-1.79769313486232D+308～-4.9406564584127D-324 正数的取值范围为 4.940654584127D-324～1.79769313486232D+308
Boolean（布尔型）	2 字节	True 或 False
Byte（字节型）	1 字节	CHR（0）～CHR（255）
String（变长字符串）	10 字节加字符串长度	0 到大约 21 亿
String（定长字符串）	字符串长度	0～65 535
Variant（数字）	16 字节	任何数字值，最大可达到 Double 的范围
Variant（字符）	22 字节加字符串长度	与变长 String 有相同的范围

（1）数值型数据（Numeric）。Visual Basic 6.0 中常用的数值型数据有整型数和浮点数。其中整型数是不带小数点和指数符号的数，可以是正整数、负整数或 0，如 254、23、0；浮点数也称实型数或实数，即带有小数点的数，如 3.5、-265.222。

（2）字符型数据（String）。字符型数据是一个字符排列，可以是字母的组合，也可以是数字和字母的组合，但数字和字母组合时，第一个字符不能为数字。在 Visual Basic 6.0 中，字符串是放在双引号里面的，如 "ABC"、"a12c"。Visual Basic 6.0 中包括两种类型的字符串：变长字符串和定长字符串。变长字符串是指字符串的长度是不固定、可变化的。默认情况下，如果一个字符串没有定义成固定的长度，那么它属于变长字符串。定长字符串是指在程序的执行过程中，字符长度保持不变的字符串。假设某个字符被定义为 8 位，当字符数不足 8 个，余下的字符位置将被空格填满，如果超过 8 个，超过的部分将被舍弃。长度为 0（不含任何字符）的字符串称为空串。

(3) 布尔型数据（Boolean）。布尔类型数据是一个逻辑值，用两个字节（Byte）存储，它只有两个值："True" 或者 "False"，也就是"真"或"假"。

(4) 变体型数据（Variant）。变体型数据是一种可变的数据类型，可以存放任何类型的数据，因此，变体型可以说是 Visual Basic 6.0 中用途最广、最灵活的一种数据类型，也是默认的数据类型，如 a="6"（字符型）、a=6（数值型）、a=True（逻辑型）。

(5) 用户自定义型数据。除了以上 4 种常用系统数据之外，Visual Basic 6.0 还提供了一种自定义数据类型，用户可根据需要将不同类型的数据定义为一种数据，用户自定义数据的构造如下：

```
Type 数据类型名
    元素名  As  类型名
    元素名  As  类型名
    ...
End Type
```

例如，定义一个名为"Student"的数据类型，它包括"Name"、"Sex"、"Age" 3 个元素，其中 Name、Sex 为字符串数据，Age 为整型数据，语法结构如下：

```
Type  Student
      Name As  String
      Sex As  String
      Age As  Interger
End Type
```

访问某个元素时，语法结构为

```
变量名.元素名
```

例如，如果要访问元素 Name，则要通过 Student.Name 来访问。

【例2-3】 变量的使用。

【操作步骤】

1. 新建一个标准工程。

2. 选择【工具】/【选项】命令，弹出【选项】对话框，勾选【要求变量声明】复选框，如图 2-9 所示。

3. 单击 确定 按钮，返回到主窗体。

4. 选中窗体，并将窗体的【AutoReDraw】属性设为 "True"。

5. 双击窗体空白处，打开代码窗口，并为窗体添加 Load 事件。

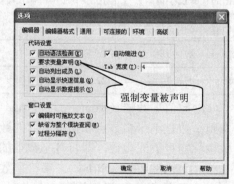

图2-9 【选项】对话框

6. 单击过程列表框右端的箭头，打开过程下拉列表，选择【Click】选项，为窗体添加 Click 事件。

7. 为窗体各事件添加响应代码，最终代码如下：

```
Option Explicit
Private Sub Form_Click()
Form1.Print i + 1 '在窗体上显示 i+1 的值
End Sub


Private Sub Form_Load()
Dim i As Integer '声明变量
Form1.Print i '在窗体上显示 i 的值
End Sub
```

8. 保存工程，单击工具栏上的 ▶ 按钮，运行程序。在窗体上单击鼠标，弹出如图 2-10 所示的提示框，提示 Click 事件中变量未被定义。

9. 单击 确定 按钮，返回到代码窗口。

10. 单击工具栏上的 ■ 按钮，停止程序。

11. 将代码 "Dim i As Integer" 移到 "Option Explicit" 下面，即将代码改变如下：

图2-10　错误提示框

```
Option Explicit
Dim i As Integer '声明变量
Private Sub Form_Click()
Form1.Print i + 1 '在窗体上显示 i+1 的值
End Sub
Private Sub Form_Load()
Form1.Print i '在窗体上显示 i 的值
End Sub
```

12. 保存工程，单击工具栏上的 ▶ 按钮，运行程序。窗体显示变量 i 的初始值为 0，在窗体上单击鼠标，窗体新增 i+1 值为 1，如图 2-11 所示。

13. 单击工具栏上的 ■ 按钮，停止程序。

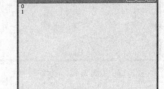

图2-11　【例 2-3】显示结果

【知识链接】

(1) 为了强调变量必须被声明，可以在程序的开始部分添加 Option Explicit 语句或者选择【工具】/【选项】命令，弹出【选项】对话框，勾选【要求变量声明】复选框，如图 2-9 所示，Visual Basic 6.0 会自动在程序的开始添加 Option Explicit 语句，但必须在未添加任何代码之前选中该功能。

(2) 在过程中定义的变量为局部变量，因此有效范围只在被定义的过程中。如例 2-3 中，窗体 Load 事件定义的变量 i 为局部变量，只能在 Load 事件中使用，而在 Click 事件中就不能使用；在代码开头部分定义的变量为窗体变量，有效范围为整个代码窗口中的任何过程。如例 2-3 中，在程序开头声明的变量 i 为窗体变量，在 Load 事件和 Click 事件中都可用。

【例2-4】 静态变量的使用。

【操作步骤】

1. 新建一个工程。
2. 选中窗体，并将窗体的【AutoReDraw】属性设为"True"。
3. 双击窗体空白处，打开代码窗口，并为窗体添加 Load 事件。
4. 单击过程列表框右端的箭头，打开过程下拉列表，选择【Click】选项，为窗体添加 Click 事件。
5. 在代码窗口中删除 Load 事件，并添加如下代码：

```
Option Explicit

Private Sub Form_Click()
Dim i As Integer '定义变量
i = i + 1    '变量值加 1
Form1.Print i '在窗体上显示 i 的值
End Sub
```

6. 保存工程，单击工具栏上的 ▶ 按钮，运行程序。在窗体上单击鼠标，不管单击多少次，窗体只显示 1，如图 2-12 所示。
7. 单击工具栏上的 ■ 按钮，停止程序。
8. 在【工程】窗口单击查看代码按钮 ▦，打开代码窗口。将代码 "Dim i As Integer" 改为 "Static i As Integer"。
9. 保存工程，单击工具栏上的 ▶ 按钮，运行程序。在窗体上每单击鼠标一次，窗体上显示的数字加 1，如图 2-13 所示。

图2-12 【例2-4】显示结果（1）

图2-13 【例2-4】显示结果（2）

10. 单击工具栏上的 ■ 按钮，停止程序。

【知识链接】

(1) 用 Dim 声明的变量都是局部变量，这种局部变量在每次过程调用结束时便消失。如例 2-4 中，用 Dim 定义的变量 i，在 Click 事件结束之后便消失，再次激发 Click 事件时，变量 i 是一个新的变量，初值仍为 0，所以无论在窗体上单击鼠标多少次，变量 $i+1$ 的值一直是 1。

(2) 用 Static 声明的局部变量又称静态变量。声明静态变量之后，每次过程调用结束时系统就会保存变量值。在下一次调用该过程时，该变量的值仍然存在。动手操作中，变量 i 用 Static 声明后变为静态变量，其值按上一次 i 的值加 1 后被保存下来，所以在窗体上每单击鼠标一次，i 值就增加一次。

2.1.4　常量

常量是在整个程序中事先设置的其值不会改变的数据。对于程序中经常使用到的数据，特别是数值比较长的数据，最好是将它声明为常量。这样如果想改变这个数据，就不用更改每个使用到该数据的地方，只需改变与这个常数对应的常量的值便可，从而增强了程序的可维护性。

【**例2-5**】　常量的使用。

【**操作步骤**】

1. 新建一个工程。
2. 选中窗体，并将窗体的【AutoReDraw】属性设为 "True"。
3. 双击窗体空白处，打开代码窗口，并为窗体添加 Load 事件。
4. 单击过程列表框右端的箭头，打开过程下拉列表，选择【Click】选项，为窗体添加 Click 事件。
5. 在代码窗口中删除 Load 事件，并添加如下代码：

```
Option Explicit
Const PI = 3.1416 '定义圆周率常量
Const R = 6 '定义半径常量

Private Sub Form_Click()
Form1.Print "圆的周长为"; &O2 * PI * R '显示圆的周长
Form1.Print "圆的面积为" & PI * R ^ 2 '显示圆的面积
End Sub

Private Sub Form_Load()
Form1.ForeColor = vbRed '将窗体显示文字的颜色改为红色
Form1.Print "圆的半径为R=" & R
End Sub
```

6. 保存工程，单击工具栏上的 ▶ 按钮，运行程序。在窗体上显示圆的半径，并且文字为红色。在窗体上单击鼠标，窗体上显示圆的周长和面积，如图 2-14 所示。

7. 单击工具栏上的 ■ 按钮，停止程序。

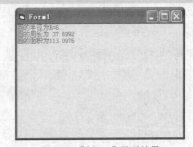

图2-14　【例 2-5】显示结果

【**知识链接**】

在 Visual Basic 6.0 中，常量分为直接常量和符号常量，直接常量以直接的方式给出数据。如例 2-5 中的颜色常量 "vbRed" 即为红色，除此之外还有 "vbGreen"（绿色）、"vbBlue"（蓝色）、"vbBlack"（黑色）、"vbWhite"（白色）等颜色常量；符号常量用 Const 来声明，其定义格式如下：

```
[Public] Const 常量名[As 类型名]=表达式
```

其中，说明类型"As 类型名"部分是可选的，当省略说明常量类型时，常量的类型由它的值决定。例如，操作步骤中 PI 代表圆周率的常量，在程序中如果要用到圆周率，直接输入常量 PI 即可。

2.1.5 运算符

有了变量或常量之后，当然就要对变量、常量所代表的数据进行运算。在 Visual Basic 6.0 中，运算形式常常可以用一些简洁的符号来描述，这些符号称为运算符或操作符，它包括算术运算符、关系运算符、逻辑运算符以及字符串连接运算符。

1. 算术运算符

算术运算符是最为常用的运算符，可以进行简单的算术运算。在 Visual Basic 6.0 中提供了 8 种算术运算符，表 2-7 按优先级从高到低列出了这些算术运算符。在这 8 种算术运算符中，除负运算（-）是单目运算符（只有一个运算变量）外，其他均为双目运算符（需要两个运算变量）。

表 2-7 　　　　　　　　　　Visual Basic 6.0 算术运算符

运算符名称	运算符	表达式例子
幂	^	10^3 表示 10 的立方，即 103=1000
取负	-	-10，-0.05
乘法	*	3*4
浮点除法	/	a=6\5=1.2
整除运算	\	a=6\5=1，b=21.81\3.4=7
取余	Mod	6 Mod 5 的结果为 1，即 6 整除 5，其余数为 1
加法	+	a=6+5=11
减法	-	a=6-5=1

2. 字符串连接运算符

字符连接符是将两个字符串常量、字符串变量、字符串函数连接起来符号，主要包括"&"和"+"。其作用都是将两个字符串连接起来，运算结果是一个字符串。例如：

```
"计算机"&"网络"          结果是："计算机网络"
"123"+"45"             结果是："12345"
"123" &"ABC"           结果是："123ABC"
```

在前面的示例中，已使用连接符将多个字符连接起来，然后使用 Print 方法显示在窗口上。

3. 关系运算符

关系运算符是用来对几个表达式的值进行比较运算的，也称为比较运算符。其比较的结果是一个逻辑值，即真（True）或假（False）。Visual Basic 6.0 中提供了 8 种关系运算符，如表 2-8 所示。

表 2-8 Visual Basic 6.0 关系运算符

运算符名称	运 算 符	表达式例子	运算符名称	运 算 符	表达式例子
=	相等	A=B	<=	小于或等于	A<=B
<>或><	不相等	A<>B 或 A><B	>=	大于或等于	A>=B
<	小于	A<B	Like	比较样式	
>	大于	A>B	Is	比较对象变量	

4. 逻辑运算符

逻辑运算符用来连接两个或多个关系式，组成一个布尔表达式，也称布尔运算符。在 Visual Basic 6.0 中有 6 种逻辑运算符。表 2-9 按优先级从高到低列出了这些逻辑运算符。

表 2-9 逻辑运算符

运算符名称	运 算 符	表达式例子
非	Not	Not(A>B)
与	And	(A<B)And(2>3)
或	Or	(A<B)Or(2>3)
异或	Xor	(A<B)Xor(2>3)
等价	Eqv	(A<B)Eqr(2>3)
蕴含	Imp	(A<B)Imp(2>3)

【例2-6】 常量的使用。

【操作步骤】

1. 新建一个工程。
2. 选中窗体，并将窗体的【AutoReDraw】属性设为 "True"。
3. 双击窗体空白处，打开代码窗口，并为窗体添加 Load 事件。
4. 单击过程列表框右端的箭头，打开过程下拉列表，选择【Click】选项，为窗体添加 Click 事件。
5. 在代码窗口中删除 Load 事件，并添加如下代码：

```
Option Explicit
Private Sub Form_Click()
Cls '先清除窗体上以前的内容，然后再显示内容
Dim a As Integer, b As Integer
Dim c As Integer, d As Boolean
a = 6
b = 5
c = True
d = False
Print "算术运算符演示"
```

```
Print "a=6     b=5"
Print "加法a+b=" & a + b
Print "幂运算a的b次方=" & a ^ b
Print "除法a/b=" & a / b
Print "整除运算a\b=" & a \ b
Print "求余运算a mod b=" & a Mod b
Print
Print "关系运算符演示"
Print "a>b"
Print a > b
Print "a<b"
Print a < b
Print
Print "逻辑运算符演示"
Print "c=True  d=False"
Print "c and d"
Print c And d
Print "c or d"
Print c Or d
Print "反运算"
Print Not (a > b)
End Sub
```

6. 保存工程，单击工具栏上的 ▶ 按钮，运行程序。在窗体上单击鼠标，窗体上显示如图 2-15 所示的内容。读者可根据显示的内容，好好分析一下结果，以加深对运算符的认识。

图2-15 【例2-6】显示结果

7. 单击工具栏上的 ■ 按钮，停止程序。

【知识链接】

(1) 进行算术运算时，运算符按级别从高到低执行，这一点和数学运算一样。例如"a*b^c"，先执行"d=b^c"，再执行"a*d"。使用()可使某个低级别运算符先执行，例如"(a+b)*c"，先执行"d=(a+b)"，再执行"d*c"。

(2) 用关系运算符连接的两个操作数或算术运算表达式组成的式子叫关系表达。关系表达式的结果是一个逻辑值，即真（True）或假（False）。如例 2-6 中：

6>5   结果为 True
6<5   结果为 False

(3) 在 6 种逻辑运算符中，除了非（Not）是单目运算符外，其他均为双目运算符。各种逻辑运算后的结果如表 2-10 所示。

表 2-10　　　　　　　　　　　　　　　　逻辑运算的运算值

A	B	Not A	A And B	A Or B	A Xor B	A Eqr B	A Imp B
False	False	True	False	False	True	False	False
False	True	True	True	False	False	True	True
True	False	False	True	False	False	True	False
True	True	False	True	True	True	False	False

2.1.6 顺序结构

在 Visual Basic 6.0 程序设计中，顺序结构是最简单的结构，这种结构的程序按顺序依次执行，中间既没有跳转语句，也没有循环语句。顺序结构中程序按照语句编写的先后顺序一条一条地执行，使用顺序结构只需要将合法语句按照合理的执行顺序依次排列即可。在前面的示例中，所用的程序结构都为顺序结构，程序按照代码编写的先后顺序依次执行。

2.2 案例 —— 二次函数计算器

已知 x 的值，求函数 $y=ax^2+bx+c$ 的值，其中，a、b、c 的值已知。

【操作步骤】

1. 新建一个工程。
2. 选中窗体，并将窗体的【AutoReDraw】属性设为 "True"。
3. 双击窗体空白处，打开代码窗口，并为窗体添加 Load 事件。
4. 单击过程列表框右端的箭头，打开过程下拉列表，选择【Click】选项，为窗体添加 Click 事件。
5. 在代码窗口中添加如下代码：

```
Option Explicit
'定义变量
Dim x As Double, y As Double
Dim a As Double, b As Double, c As Double

Private Sub Form_Click()
y = a * x ^ 2 + b * x + c '计算函数
Print " =" & y '显示函数值
End Sub

Private Sub Form_Load()
'给定变量的值
a = 1
b = 2
c = 1
x = 1.78
```

```
'窗体上文字显示为红色
Form1.ForeColor = vbBlue
'显示变量值
Print "a=" & a & " " & "b=" & b & " " & "c=" & c
Print "x=" & x
Print "y=ax^2+b*x+c"
End Sub
```

6. 保存工程，单击工具栏上的 ▶ 按
   钮，运行程序。在窗体上单击鼠
   标，窗体上显示如图 2-16 所示的
   内容。

7. 单击工具栏上的 ■ 按钮，停止程
   序。

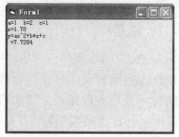

图2-16 案例显示结果

 声明变量时，通常一个变量用一行代码，也可以同时在一行中声明多个变量，例如，案例中，变量 x、y 以及变量 a、b、c 的定义都是在同一行中进行的。

【案例小结】

本案例通过一个二次函数计算器进一步介绍了 Visual Basic 6.0 的数据类型、变量的使用以及常用的运算符，并阐明了顺序结构代码编写的特点。

习题

一、选择题

1. 下列变量名中，合法的变量名是_____。
   A. C24　　　　　B. A.B　　　　　C. A：B　　　　　D. 1+2

2. 不是用于变量声明的关键字为_____。
   A. Public　　　　B. Private　　　　C. Dim　　　　　D. Print

3. 可用于全局变量声明的关键字为_____。
   A. Public　　　　B. Private　　　　C. Dim　　　　　D. Static

4. 表达式"4+5 \ 6 * 7 / 8 Mod 9"的值是_____。
   A. 4　　　　　　B. 5　　　　　　C. 6　　　　　　D. 7

5. 表达式"(8>9) & (6>5)"的值是_____。
   A. True　　　　　B. False　　　　　C. 真　　　　　　D. 假

6. 如果执行以下操作：

   a=8 <CR> (<CR>是 Enter 键，下同)

   b=9 <CR>

   print a>b <CR>

则输出结果是_____。

A. −1　　　　　B. 0　　　　　C. False　　　　　D. True

7. 编写如下程序：

```
Private Sub Form_Click()
    Dim a,b As String
    Form1.AutoReDraw=True
    a="请输入"
    b="按 Enter 键结束"
    c=8
    Print a & "," & b
End Sub
```

程序运行时，在窗体上单击鼠标左键，窗体上显示的结果为_____。

A. a,b　　　　　　　　　　　B. a & "," b

C. 请输入，按 Enter键结束　　　D. 请输入按 Enter键结束

8. 编写如下程序：

```
Private Sub Form_Click()
    Static X As Integer
    Static Y As Integer
    Cls
    Form1.AutoReDraw=True
    Y=1
    Y=Y+5
    X=5+X
    Print X,Y
End Sub
```

程序运行时，在窗体上单击鼠标 3 次后，窗体上显示的结果为_____。

A. 15　16　　　　B. 15　6　　　　C. 15　15　　　　D. 5　6

二、填空题

1. 编写 Visual Basic 程序代码需要在_____窗口进行。

2. Visual Basic 6.0 中的变量分为_____、_____、_____。局部变量可用_____或_____关键字来声明。

3. 为了在整个应用程序中用常量 Pi 来代替 3.1416，应在主窗体口的顶层声明中使用语句：_____。

4. 输入对话框的调用可使用_____函数；消息对话框的调用可使用_____函数；在窗体上直接显示输出的结果可使用_____方法。

三、简答题

1. 在 Visual Basic 6.0 中，如何添加注释语句？

2. 变量命名时应遵守哪些规则？

第3章
选择结构程序设计

顺序结构只能按顺序依次执行语句，中间没有任何分支结构。用户在编程过程中，可能会遇到根据条件选择执行不同的分支，此时便会用到 Visual Basic 6.0 的另外一种程序结构——选择结构。

❖ 掌握 If 选择结构。
❖ 掌握 If 嵌套选择结构。
❖ 掌握 Select Case 选择结构。

3.1 知识解析

选择结构也就是条件分支结构，即根据条件选择要执行的分支，Visual Basic 6.0 中常用的选择结构包括 If 选择结构和 Select Case 选择结构两种。

3.1.1 If 选择结构

If 选择结构包括单分支、双分支、多分支 3 种选择结构。

(1) 单分支结构。

单分支结构的语法如下：

```
    If  条件  Then
      [语句块]
End If
```

其中"条件"通常为逻辑量，即 True 或 False。一个为零的数值为 False，而任何非零数值都为 True。当"条件"为 True 时，则 Visual Basic 6.0 执行"Then"关键字后面的所有"语句块"。如果"语句块"为单个语句（如单行的赋值语句），则可简化为

```
If  条件  Then  语句块
```

(2) 双分支结构。

双分支结构的语法如下：

```
If  条件  Then
    [语句块 1]
    Else
```

```
    [语句块2]
End If
```

双分支结构将"条件"分为两种情况，一种为满足条件，另一种为不满足条件。当满足条件时，即"条件"为 True 时，则执行"语句块 1"中代码；当不满足条件时，即"条件"为 False 时，则执行"语句块 2"中代码。

(3) 多分支结构。

多分支结构的语法如下：

```
If  条件1  Then
    [语句块 1]
      ElseIf 条件 2
          [语句块 2]
      ElseIf 条件 3
          [语句块 3]
      ...
    Else
      [语句块 n]
    End If
```

多分支结构将"条件"分为 n 种情况。首先测试"条件 1"。如果它为 False，Visual Basic 6.0 就测试"条件 2"，依此类推，直到找到一个为 True 的条件。当它找到一个为 True 的条件时，Visual Basic 6.0 就会执行相应的语句块，然后执行 End If 后面的代码。如果前 $n-1$ 个条件都是 False，则 Visual Basic 6.0 执行 Else 语句块。由此可见，双分支结构可看做是多分支结构的一种特例。

【例3-1】 绝对值的计算。

【操作步骤】

1. 新建一个标准工程。
2. 选中窗体，并将窗体的【AutoReDraw】属性设为 "True"。
3. 双击窗体，打开代码窗口，并为窗体添加 Load 事件。
4. 单击过程列表框右端的箭头，打开过程下拉列表，选择【Click】选项，为窗体添加 Click 事件。
5. 在代码窗口中删除 Load 事件，并添加如下代码：

```
Option Explicit
Private Sub Form_Click()
Dim myinput As String '用于存放输入的字符
Dim myval As Double '用于存放将输入的数据，由字符转换过来
' 数据的输入
 myinput = InputBox("请输入要求绝对值的数据:", "数据输入窗口")
'将输入的字符型数据转换为数值型数据
myval = Val(myinput)
'显示输入的数据
Print "你输入的数据为:" & myval
```

```
'求绝对值
If myval < 0 Then
    myval = -myval
End If
'显示输入数据的绝对值
Print "绝对值为:" & myval
End Sub
```

6. 保存工程，单击工具栏上的 ▶ 按钮，运行程序。在窗体上单击鼠标，弹出如图 3-1 所示的输入对话框，在其中输入 "-12"。

7. 单击 ⬚确定 按钮，返回到主窗体，显示输入的数据以及绝对值，如图 3-2 所示。

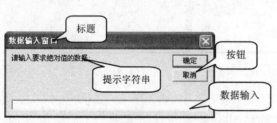

图3-1 输入对话框   图3-2 【例 3-1】显示结果

8. 单击工具栏上的 ■ 按钮，停止程序。

说明
① If 语句中的"条件"通常是比较式，但它也可以是任何计算数值的表达式。Visual Basic 6.0 将这个值解释为 True 或 False。一个为零的数值为 False，而任何非零数值都为 True。
② Val 函数用于将代表数值的字符串转换成数值型数据。如 Val("5")=5。

【例3-2】 闰年判断。

首先需要知道判断闰年的条件，如下所示：
- 能被 4 整除但不能被 100 整除的年份都是闰年；
- 能被 100 整除又能被 400 整除的年份是闰年。

【操作步骤】
1. 新建一个标准工程。
2. 选中窗体，并将窗体的【AutoReDraw】属性设为"True"。
3. 双击窗体空白处，打开代码窗口，并为窗体添加 Load 事件。
4. 单击过程列表框右端的箭头，打开过程下拉列表，选择【Click】选项，为窗体添加 Click 事件。
5. 在代码窗口中删除 Load 事件，并添加如下代码：

```
Option Explicit
Private Sub form_Click()
Dim x As Integer
Dim myinput As String, yn As String
Dim a As Integer, b As Integer, c As Integer
myinput = InputBox("请输入年份:", "数据输入窗口")
```

```
x = Val(myinput)
'将输入年份分别与4、100、400求余
a = x Mod 4
b = x Mod 100
c = x Mod 400
'判断闰年
If a <> 0 Then    '不能被4整除，不是闰年
    yn = "不是"
    ElseIf b <> 0 Then '能被4整除但不能被100整除的年份是闰年
        yn = "是"
    ElseIf c <> 0 Then '能被100整除但不能被400整除的年份不是闰年
        yn = "不是"
    Else '能被100、400整除的年份是闰年
        yn = "是"
End If
Print "你输入的年份是" & myinput
Print yn & "闰年"
End Sub
```

6. 保存工程，单击工具栏上的按钮 ▶，运行程序。在窗体上单击鼠标，在弹出的输入对话框中输入"2000"。

7. 单击 确定 按钮，返回到主窗体，显示输入年份并判断是否为闰年，如图3-3所示。读者可在窗体上再次单击鼠标，重新输入年份。

8. 单击工具栏上的 ■ 按钮，停止程序。

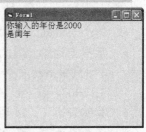

图3-3 【例3-2】显示结果

【知识链接】

(1) 在多分支选择结构中，ElseIf 对应的条件中除了自身所带的条件外，还包括对前一个 If 或 ElseIf 所带条件的否定，而 Else 对应的条件为所有 If 或 ElseIf 条件的否定。如例 3-2 中，If 对应的条件为 a<>0，即 a≠0，第 1 个 ElseIf 对应的分支条件可解释为 "a=0 And b<>0"，其中 a=0 是对 If 对应条件的否定，而 b<>0 是自带的条件；第 2 个 ElseIf 对应的分支条件可解释为 "b=0 And c<>0"，最后的 Else 对应的分支条件可解释为 c=0。另外，ElseIf 可有多个，但 Else 只能有一个。

(2) If 选择结构还可以嵌套，语法结构如下：

```
If 条件1 Then
    语句块1
    If 条件2 Then
        语句块2
        ...
    End If
End If
```

其中第 2 个 If 分支结构执行的条件是，条件 1 和条件 2 同时为 True，依此类推。注意：有多少个 If，就有多少个 End If 与之对应，否则程序会出错。为了便于程序的维护，最好采用缩进的形式来编写嵌套结构。

3.1.2　Select Case 选择结构

对于有多种选择的程序，除了使用 If 的多分支结构之外，Visual Basic 6.0 还提供了 Select Case 选择结构。对多重选择的情况，Select Case 语句使代码更加易读，具体语法结构如下：

```
Select Case 测试表达式
    [Case 表达式列表 1
        [语句块 1]]
    [Case 表达式列表 2
        [语句块 2]]
        …
    [Case Else
        [语句块 n]]
End Select
```

Select Case 选择结构的测试表达式只能是数值表达式或字符表达式，不能为逻辑表达式。各 Case 表达式的类型必须与测试表达式的类型相同。Case 表达式的类型通常有以下几种形式。

- 一个表达式：如 "Case 1；Case "北京""。
- 范围表达式：形式为 "表达式 1 To 表达式 2"，用于表达一个范围，即表达式 1<=测试表达式<=表达式 2，所以表达式 1 的值必须小于表达式 2，如 "Case 1 To 100"、"Case "a" To "z""。
- 关系表达式：Is <关系运算表达式>，如 Case Is > 1，表示测试值大于 1。
- 多个表达式：各个表达式之间以逗号相间，如 "Case 1,3,5"、"Case"北京", "上海", "重庆""、"Case 1,3,5 To11"。

【例3-3】　查询自己的生肖（生肖以 12 年为一个循环）。

【操作步骤】

1. 新建一个标准工程。
2. 选中窗体，并将窗体的【AutoReDraw】属性设为 "True"。
3. 双击窗体空白处，打开代码窗口，并为窗体添加 Load 事件。
4. 单击过程列表框右端的箭头，打开过程下拉列表，选择【Click】选项，为窗体添加 Click 事件。
5. 在代码窗口中删除 Load 事件，并添加如下代码：

```
Option Explicit
Private Sub form_Click()
Dim year As Integer, a As Integer
Dim myinput As String, mypro As String
myinput = InputBox("请输入年份:", "数据输入窗口")
year = Val(myinput)
```

```
a = year Mod 12
'根据余数的不同，选择不同的生肖
Select Case a
Case 1
    mypro = "鸡"
Case 2
    mypro = "狗"
Case 3
    mypro = "猪"
Case 4
    mypro = "鼠"
Case 5
    mypro = "牛"
Case 6
    mypro = "虎"
Case 7
    mypro = "兔"
Case 8
    mypro = "龙"
Case 9
    mypro = "蛇"
Case 10
    mypro = "马"
Case 11
    mypro = "羊"
Case 0
    mypro = "猴"
End Select
Print "你是" & myinput & "年出生的，属" & mypro
End Sub
```

6. 保存工程，单击工具栏上的 ▶ 按钮，运行程序。在窗体上单击鼠标，在弹出的输入对话框输入出生的年份。

7. 单击 确定 按钮，返回到主窗体，主窗体显示你输入的出生年份及生肖，如图 3-4 所示。

8. 单击工具栏上的 ■ 按钮，停止程序。

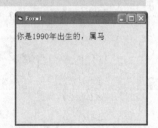

图3-4 【例 3-3】显示结果

Select Case 选择结构设置了一个测试表达式并只计算一次测试表达式，然后将表达式的值与结构中每个 Case 中的表达式进行比较。如果有相等的，则执行对应的语句块。如果在表达式列表中没有一个值与测试表达式相匹配，则执行 Case Else 中的语句块。如例 3-3 中，生肖的查询便是通过先计算 a 的值，然后再和 Case 中的值进行比较得出的。

3.2 案例 1——奖学金评定程序

编制程序，要求根据输入的成绩计算某个学生奖学金的等级，以 3 门功课成绩 M1，M2、M3 为评奖依据，标准如下。

(1) 一等奖：

- 平均分大于等于 95 分者；
- 最低成绩不低于 80 分者。

(2) 二等奖：

- 平均分大于等于 85 分且小于 95 分；
- 最低分不低于 70 分。

(3) 三等奖：

- 平均分大于等于 80 分且小于 85 分；
- 最低分不低于 60 分。

【操作步骤】

1. 新建一个标准工程。
2. 选中窗体，并将窗体的【AutoReDraw】属性设为 "True"。
3. 双击窗体空白处，打开代码窗口，并为窗体添加 Load 事件。
4. 单击过程列表框右端的箭头，打开过程下拉列表，选择【Click】选项，为窗体添加 Click 事件。
5. 在代码窗口中删除 Load 事件，并添加如下代码：

```vb
Option Explicit
Private Sub Form_Click()
Cls
Dim p1 As String , p2 As String , p3 As String
Dim M1 As Integer, M2 As Integer, M3 As Integer, min As Integer
Dim aver As Double
'输入成绩
p1 = InputBox("请输入第一门功课成绩:", "数据输入窗口")
p2 = InputBox("请输入第二门功课成绩:", "数据输入窗口")
p3 = InputBox("请输入第三门功课成绩:", "数据输入窗口")
M1 = Val(p1)
M2 = Val(p2)
M3 = Val(p3)
'求平均成绩
aver = (M1 + M2 + M3) / 3
'求最低成绩
If M1 > M2 Then
        If M2 > M3 Then
        min = M3
```

```
            ElseIf M1 > M3 Then
             min = M2
            Else
             min = M2
            End If
ElseIf M1 > M3 Then
        min = M3
ElseIf M2 > M3 Then
        min = M1
Else
        min = M1
End If
Print "你的成绩为：" & " " & M1 & " " & M2 & " " & M3
Print "平均分为：" & aver
Print "最低分为：" & min
'评定奖学金
If aver >= 90 Then
        If min >= 80 Then
            Print "恭喜你！你获得了一等奖学金，请再接再厉！"
        End If
 ElseIf aver >= 85 Then
        If min >= 70 Then
            Print "恭喜你！你获得了二等奖学金，请再接再厉！"
        End If
 ElseIf aver >= 80 Then
        If min >= 60 Then
            Print "恭喜你！你获得了三等奖学金，请再接再厉！"
        Else
            Print "对不起，你不够获奖学金资格，努力吧！"
        End If
 Else
        Print "对不起，你不够获奖学金资格，努力吧！"
End If
End Sub
```

6. 保存工程，单击工具栏上的 ▶ 按钮，运行程
    序。在窗体上单击鼠标，在弹出的输入对话
    框中依次输入 3 门功课的成绩。

7. 待输入完 3 门功课成绩后，单击 ▭确定▭ 按
    钮，返回到主窗体，主窗体显示各门功课的
    成绩、平均分、最低分及对应的奖学金等
    级，如图 3-5 所示。

8. 单击工具栏上的 ■ 按钮，停止程序。

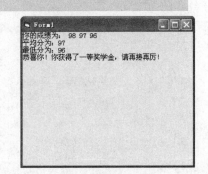

图 3-5　案例 1 显示结果

【案例小结】

通过本案例的学习，主要复习了 If 多分支结构、If 嵌套结构。在使用 If 多分支结构时，要注意每个分支对应"条件"不能有重叠，否则程序会出错。在使用嵌套结构时，一定要注意 If 和 End If 的对应关系，有多少个 If，则必须有多少个 End If 相对应。

3.3 案例 2 —— 星期查询

星期计算公式：$((year-1)+(year-1)/4-(year-1)/100+(year-1)/400+date)$ Mod 7。如果余数为零，则为星期天，剩下的余数为几，就为星期几。公式中 year 为年份，date 为这一天是这一年的第多少天。

【操作步骤】

1. 新建一个标准工程。
2. 选中窗体，并将窗体的【AutoReDraw】属性设为"True"。
3. 双击窗体空白处，打开代码窗口，并为窗体添加 Load 事件。
4. 单击过程列表框右端的箭头，打开过程下拉列表，选择【Click】选项，为窗体添加 Click 事件。
5. 在代码窗口中删除 Load 事件，并添加如下代码：

```vb
Option Explicit
Private Sub Form_Click()
Dim x As Integer, y As Integer, z As Integer, Feb As Integer
Dim myday As Integer
Dim myyear As String, mymonth As String, mydate As String
Dim mytime As String
Dim a As Integer, b As Integer, c As Integer, d As Integer
'按顺序输入年、月、日
myyear = InputBox("请输入年份:", "数据输入窗口")
mymonth = InputBox("请输入月份:", "数据输入窗口")
mydate = InputBox("请输入日:", "数据输入窗口")
x = Val(myyear)
y = Val(mymonth)
z = Val(mydate)
a = x Mod 4
b = x Mod 100
c = x Mod 400
'闰年判断，如果是闰年，则二月有 29 天，否则 28 天
If a <> 0 Then
    Feb = 28
ElseIf b <> 0 Then
    Feb = 29
ElseIf c <> 0 Then
```

```
        Feb = 28
Else
        Feb = 29
End If
'计算这一天是在这一年的天数
Select Case mymonth
        Case 0
            myday = mydate
        Case 2
            myday = 31 + mydate
        Case 3
            myday = 31 + Feb + mydate
        Case 4
            myday = 62 + Feb + mydate
        Case 5
            myday = 92 + Feb + mydate
        Case 6
            myday = 123 + Feb + mydate
        Case 7
            myday = 153 + Feb + mydate
        Case 8
            myday = 184 + Feb + mydate
        Case 9
            myday = 215 + Feb + mydate
        Case 10
            myday = 245 + Feb + mydate
        Case 11
            myday = 276 + Feb + mydate
        Case 12
            myday = 306 + Feb + mydate
End Select
'按公式计算这一天是星期几
d = ((myyear - 1) + (myyear - 1) \ 4 - (myyear - 1) \ 100 + _
    (myyear - 1) \ 400 + myday) Mod 7
Select Case d
        Case 0
            mytime = "星期天"
        Case 1
            mytime = "星期一"
        Case 2
```

```
        mytime = "星期二"
     Case 3
        mytime = "星期三"
     Case 4
        mytime = "星期四"
     Case 5
        mytime = "星期五"
     Case 6
        mytime = "星期六"
End Select
Print "你输入的时间是" & myyear & "年" & mymonth & "月" & mydate
Print " 是" & mytime
End Sub
```

6. 保存工程，单击工具栏上的 ▶ 按钮，运行程序。在窗体上单击鼠标，在弹出的输入对话框中依次输入年、月、日。

7. 待输入年月日后，单击 ┃ 确定 ┃ 按钮，返回到主窗体，主窗体显示输入的时间及对应的星期，如图 3-6 所示。

8. 单击工具栏上的 ■ 按钮，停止程序。

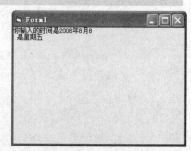

图3-6 案例 2 显示结果

【案例小结】

对于 If 多分支结构，如果用户将很多的 Else If 块加到 If…Then 结构中去，这样整个结构编写起来就会很乏味。在这种情况下，就可以使用 Select Case 选择结构。

习题

一、选择题

1. 当 Visual Basic 执行下面的语句后，A 的值为_____。

```
A=1
If A>0 Then A=A+1
If A>1 Then A=0
```

A. 0   B. 1   C. 2   D. 3

2. 编写如下代码：

```
If x^2=9 Then y=x
If x^2<9 Then y=1/x
If x^2>9 Then y=x^2+1
```

当 x=3 时，y 的值为_____。

A. 3   B. 0.33   C. 17   D. 0.25

3. 编写如下代码：

```
If x<0 Then
    y=3*x-1
 Else
    y=2*x-1
  End If
```

当 x=-2 时，y 的值为_____。

A．-7　　　　　　　B．-5　　　　　　C．0　　　　　　　D．7

4. 有如下选择结构：

```
If x>90 then
    y=x
elseIf x>80 then
    y=x-1
else
    y=1-x
End If
```

如果让 y=1-x，则 x 的范围为_____。

A．x>90　　　　　　B．x>80　　　　　C．90>x>80　　　D．x<=80

5. 下面有语法错误的是_____。

A．Case 1　　　　　B．Case "a"　　　C．Case 1,3,4　　D．Case a>10

6. 下面没有语法错误的是_____。

A．Case 10 To 1　　B．Case "a" To "z" C．Case 1 3 5　　D．Case "a",1

7. 和 Case 1 To 10 所代表的条件一致的是_____。

A．x>1　　　　　　B．x<10　　　　　C．1=<x<=10　　D．10>x>1

二、填空题

1. 补充代码，以完成以下函数的求值。

```
y=x+1    (x<0)
y=x-1    (x>=0)
If x<0 Then
    _____
    _____
y=x-1
End if
```

2. 补充代码，以完成求 3 个数（a,b,c）中的最小值。

```
If a > b Then
    If b > c Then
            min = c
    ElseIf a > c Then
        min = b
        Else
        min = b
    _____
```

```
ElseIf a > c Then
        min = c
ElseIf b > c Then
        min = a
Else
        _____
End If
```

3. 补充代码，以完成阿拉伯数字 0~9 向中文数字（零、壹、贰、叁、肆、伍、陆、柒、捌、玖）的转换。如果数字大于9或者小于0，则都转化为零：

```
Dim  a As Integer, b As String
Select Case a
Case 0
        b="零"
Case 1
        b="壹"
Case 2
        b="贰"
Case 3
        b="叁"
Case 4
        b="肆"
Case 5
        b="伍"
Case 6
        b="陆"
Case 7
        b="柒"
Case 8
        b="捌"
Case 9
        b="玖"
    _____
    b="零"
    _____
```

三、编程题

1. 根据输入的 x 值分别计算两个数的和、差、积、商：

x=1 为求和，x=2 为差，x=3 为积，x=4 为商。

2. 计算表达式的值：

```
y= x    (x<1)
y=2x-1  (1<=x<10)
y=3x-11 (x>=10)
```

第4章

循环结构程序设计

　　循环结构用于多次重复执行同一段语句，使用循环结构减少了代码输入量，使得程序更加简洁。和选择结构一样，循环结果的执行也有自己的条件，一旦条件满足，便执行循环结构中的代码。

　　❖　掌握 Do…Loop 循环结构。
　　❖　掌握 For…Next 循环结构。
　　❖　掌握循环嵌套结构。
　　❖　熟悉循环的控制以及防止死循环或不循环的方法。

4.1　知识解析

　　循环结构用于重复执行一行或数行代码，在 Visual Basic 6.0 中，循环结构主要有以下两种结构：

- Do…Loop;
- For…Next。

4.1.1　Do…Loop 循环结构

　　使用 Do…Loop 来循环执行某段代码时，语法结构如下：

```
Do While (条件)
    [语句块]
Loop
```

首先测试"条件"，如果"条件"为 False（零），则不执行"语句块"；如果"条件"为 True（非零），则执行"语句块"，然后退回到 Do While 语句再测试条件，重复以上过程。因此循环的次数不定，由"条件"来决定。

　　【例4-1】　求自然数 N 的阶乘，即求 $1 \times 2 \times 3 \times 4 \cdots \times N$。

　　【操作步骤】

1.　新建一个标准工程。
2.　选中窗体，并将窗体的【AutoReDraw】属性设为"True"。

3. 双击窗体空白处，打开代码窗口，并为窗体添加 Load 事件。

4. 单击过程列表框右端的箭头，打开过程下拉列表，选择【Click】选项，为窗体添加 Click 事件。

5. 在代码窗口中删除 Load 事件，并添加如下代码：

```
Option Explicit
Private Sub Form_Click()
Dim N, s, i As Integer
Dim myinput As String
'数据输入
myinput = InputBox("请输入要求阶乘的数:", "输入对话框")
N = Val(myinput)
s = 1
i = 1
'求阶乘
Do While i <= N
        s = s * i '循环执行上一次积乘以当前 i 的值
        i = i + 1 ' 循环执行 i 值加 1
Loop
Print "你输入的自然数为:" & N & "，它的阶乘为：" & s
End Sub
```

6. 保存工程，单击工具栏上的 ▶ 按钮，运行程序。在窗体上单击鼠标，在弹出的输入对话框中输入要求阶乘的 N 值。

7. 单击 ▭ 确定 ▭ 按钮，返回到主窗体，显示输入的自然数及对应的阶乘值，如图 4-1 所示。

8. 单击工具栏上的 ■ 按钮，停止程序。

> 说明 　　Do…Loop 循环结构只要"条件"为 True 或非零，循环可以随意执行多次，直到"条件"为 False 或零，具体执行流程如图 4-2 所示；如果"条件"一开始便为 False，则直接退出循环结构，不执行"语句块"。

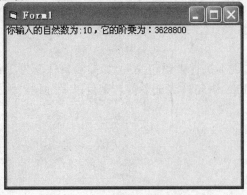

你输入的自然数为:10，它的阶乘为：3628800

图4-1 【例 4-1】显示结果

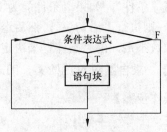

图4-2 Do…Loop 循环执行流程

【例4-2】　求自然数 N 的累加和，即求 1+2+3+4…+N。

【操作步骤】

1. 新建一个标准工程。
2. 选中窗体，并将窗体的【AutoReDraw】属性设为"True"。
3. 双击窗体空白处，打开代码窗口，并为窗体添加 Load 事件。
4. 单击过程列表框右端的箭头，打开过程下拉列表，选择【Click】选项，为窗体添加 Click 事件。
5. 在代码窗口中删除 Load 事件，并添加如下代码：

```
Option Explicit
Private Sub Form_Click()
Dim N, s, i As Integer
Dim myinput As String
'数据输入
myinput = InputBox("请输入要求累加和的数:", "输入对话框")
N = Val(myinput)
s = 0
i = 1
'求累加和,先求和，再判断条件
Do
    s = s + i '循环执行上一次累加和 i 的值
    i = i + 1 ' 循环执行 i 值加1
Loop While i <= N '先执行代码，后判断条件
Print "你输入的自然数为:" & N & ",它的累加和为: " & s
End Sub
```

6. 保存工程，单击工具栏上的 ▶ 按钮，运行程序。在窗体上单击鼠标，在弹出的输入对话框中输入要求累加和的 N 值。

7. 单击 按钮，返回到主窗体，显示输入的自然数及对应的累加和，如图 4-3 所示。

8. 单击工具栏上的 ■ 按钮，停止程序。

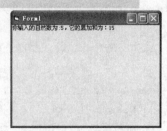

图4-3　【例 4-2】显示结果

【知识链接】

Do…Loop 语句的另一种演变形式是先执行语句，然后再在每次执行后测试"条件"，语法结构如下：

```
Do
    [语句块]
Loop While (条件)
```

这种形式保证"语句块"至少被执行一次，无论"条件"是否为 True。如例 4-2 中，求和运算先被执行，然后再测试"条件"。如果输入的自然数为 1，则输出的结果为 1，即求和了一次。读者可以将"条件"放到 Do 后面，然后再运行程序，输入自然数 1，查看输出的结果有什么差别，并分析其原因。

4.1.2 For…Next 循环结构

在不知道循环需要执行多少次时，宜用 Do…While 循环。但在知道循环要执行多少次的情况下，最好使用 For…Next 循环。For…Next 循环的语法结构如下：

```
For 循环变量 = 初值 To 终值 [Step 步长]

    [语句块]

Next [循环变量]
```

参数"循环变量"、"初值"、"终值"和"步长"都是数值型的。每循环一次，循环变量就增加或减少一个步长，直到循环变量的值变为终值，便退出循环。

【例4-3】 查询你的 10 个本命年。

【操作步骤】

1. 新建一个标准工程。
2. 选中窗体，并将窗体的【AutoReDraw】属性设为"True"。
3. 双击窗体空白处，打开代码窗口，并为窗体添加 Load 事件。
4. 单击过程列表框右端的箭头，打开过程下拉列表，选择【Click】选项，为窗体添加 Click 事件。
5. 在代码窗口中删除 Load 事件，并添加如下代码：

```
Option Explicit
Private Sub Form_Click()
Dim N, ni, i As Integer
Dim myinput As String
'数据输入
myinput = InputBox("请输入你出生的年份:", "输入对话框")
N = Val(myinput)
'计算你的本命年
For i = 1 To 10
    ni = N + i * 12 '每隔 12 年，一个本命年
    Print "你的第" & i & "个本名年为" & ni ' 显示你的本命年
Next i
End Sub
```

6. 保存工程，单击工具栏上的 ▶ 按钮，运行程序。在窗体上单击鼠标，在弹出的输入对话框中输入你的出生年份。

7. 单击 ◻確定◻ 按钮，返回到主窗体，即可显示你的 10 个本命年，如图 4-4 所示。

8. 单击工具栏上的 ■ 按钮，停止程序。

图4-4 【例 4-3】显示结果

【知识链接】

(1) 在 For…Next 循环结构中，循环变量的步长可以为正也可为负。如果"步长"为正，则"初值"必须小于等于"终值"，否则不能执行循环内的语句；如果"步长"为负，则

"初值"必须大于等于"终值"，这样才能执行循环体。如果没有设置"Step"（步长），则"步长"默认值为 1。如例 4-3 中，没有设置步长值，取默认值 1。每执行一个循环，"循环变量= 循环变量+步长"，每循环一次，变量 i 的值加 1 一次，直到 $i=10$。

（2）For…Nex 循环执行过程如下。

① 设置"循环变量"等于"初值"。

② 测试"循环变量"是否在"初值"和"终值"之间。若不是，则退出循环；若是，则执行"语句块"。

③ 执行完"语句块"语句，执行 Next 语句，即"循环变量= 循环变量+步长"。

④ 重复步骤②和步骤③，直到循环变量等于"终值"，具体流程如图 4-5 所示。

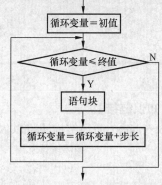

图4-5　For…Next 循环执行流程

【例4-4】　九九乘法表的输出。

【操作步骤】

1. 新建一个标准工程。

2. 选中窗体，并将窗体的【AutoReDraw】属性设为"True"，【WindowState】属性设为"2－Maximized"。

3. 双击窗体空白处，打开代码窗口，为窗体添加 Load 事件，并在代码窗口中添加如下代码：

```
Option Explicit
Private Sub Form_Load()
Dim i  As Integer
Dim j As Integer
Dim m As Integer
Dim n As Integer
Dim s As Integer
'外循环从 1 到 9，相当于行，即乘数从 1 变到 9
For i = 1 To 9
'内循环从 1 到 i，相当于列，即被乘数从 1 变到 i
For j = 1 To i
        s = i * j
        Print j & "×" & i & "=" & s,
    Next j
    Print
Next i
End Sub
```

4. 保存工程，单击工具栏上的 ▶ 按钮，运行程序。在窗体上显示九九乘法表，如图 4-6 所示。

5. 单击工具栏上的 ■ 按钮，停止程序。

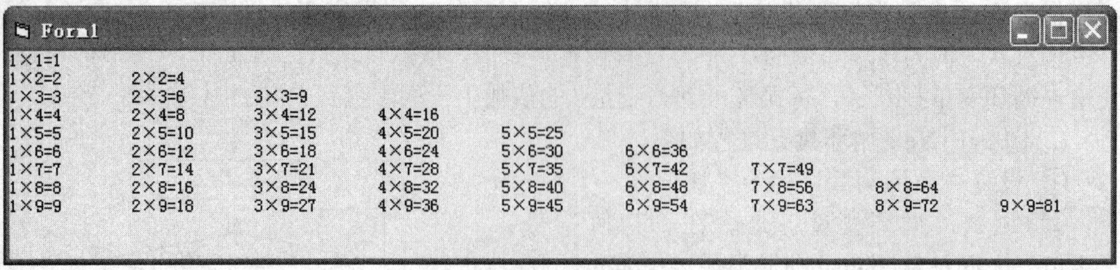

Form1							
1×1=1							
1×2=2	2×2=4						
1×3=3	2×3=6	3×3=9					
1×4=4	2×4=8	3×4=12	4×4=16				
1×5=5	2×5=10	3×5=15	4×5=20	5×5=25			
1×6=6	2×6=12	3×6=18	4×6=24	5×6=30	6×6=36		
1×7=7	2×7=14	3×7=21	4×7=28	5×7=35	6×7=42	7×7=49	
1×8=8	2×8=16	3×8=24	4×8=32	5×8=40	6×8=48	7×8=56	8×8=64
1×9=9	2×9=18	3×9=27	4×9=36	5×9=45	6×9=54	7×9=63	8×9=72	9×9=81

图4-6　【例4-4】显示结果

【知识链接】

For…Next 循环结构还可以嵌套，语法结构如下：

```
For 循环变量1 = 初值 To 终值 [Step 步长]
    语句块1
    For 循环变量2 = 初值 To 终值 [Step 步长]
        语句块2
        …
    Next 循环变量2
Next 循环变量1
End If
```

"循环变量2"执行完全部循环后，"循环变量1"才执行一次循环，并且各个循环变量不能同名。有多少个 For 循环，就有多少个 Next 循环变量与之对应，一个循环对应一个循环变量。如例 4-4 中，共有两个循环变量 i、j，循环变量 j 执行完全部循环后，即执行完 $j×1$、$j×2…j×i$ 后，循环变量 i 才执行一次加 1。

4.1.3 循环控制

Do…Loop 循环是在"条件"为 False 时退出循环，而 For…Next 循环是在循环变量值等于终值后退出循环。如果要提前退出循环，则必须使用 Exit 语句。用 Exit 语句直接退出 Do…Loop 循环或 For…Next 循环的语法结构如下：

```
For 循环变量 = 初值 To 终值 [Step 步长]
    [语句块]
    If 条件 Then Exit For
    [语句块]
Next [循环变量[, 循环变量] [,…]]
Do [{While | Until} 条件]
    [语句块]
    If 条件 Then Exit Do
    [语句块]
Loop
```

其中"条件"是提前退出循环的条件。一旦"条件"为 True，则直接退出循环。

【例4-5】　存款计算。

　　银行的年利息按 1.15%计算，当年利息转入下年的存款，多少年之后，存款将是现在存款的 1.5 倍？

　　【操作步骤】

1.　新建一个标准工程。

2.　选中窗体，并将窗体的【AutoReDraw】属性设为"True"，【WindowState】属性设为"2 – Maximized"。

3.　双击窗体空白处，打开代码窗口，为窗体添加 Load 事件，并在代码窗口中添加如下代码：

```
Option Explicit
Private Sub Form_load()
Dim a As Double
Dim myinput As String
Dim mymoney, money As Double
Dim r As Single
Dim i As Integer
'数据输入
myinput = InputBox("请输入你目前银行的存款:", "输入对话框")
money = Val(myinput)
r = 0.0115
'初始存款
mymoney = money
'按年计算你银行的存款
For i = 0 To 1000
    mymoney = mymoney * (1 + r)
'当存款大于当前存款的 1.5 倍时退出循环
    If mymoney >= (1.5 * money) Then Exit For

Next i
Print "你目前的存款为" & money & "," & i & "年后你的存款将是目前存款的1.5倍"
End Sub
```

4.　保存工程，单击工具栏上的按钮 ▶，运行程序，即可在窗体上显示当前存款以及过多少年后存款将增加一半。

5.　单击工具栏上的 ■ 按钮，停止程序。

> 　　使用 Exit 语句退出循环时，将不再执行循环中的任何迭代或者语句，并且循环变量保持其退出时的值。如例 4-5 中，当存款达到目前存款的 1.5 倍时，便退出循环，而循环变量 *i* 的值为退出时的值。

说明

4.2 案例 1 ——求两个数的最大公约数

求两个数的最大公约数。

【操作步骤】

1. 新建一个标准工程。
2. 选中窗体，并将窗体的【AutoReDraw】属性设为"True"。
3. 双击窗体空白处，打开代码窗口，并为窗体添加 Load 事件。
4. 单击过程列表框右端的箭头，打开过程下拉列表，选择【Click】选项，为窗体添加 Click 事件。
5. 在代码窗口中删除 Load 事件，并添加如下代码：

```
Option Explicit
Private Sub Form_Click()
Dim mya As String, myb As String
Dim a As Integer , b As Integer
Dim i As Integer
'数据输入
mya = InputBox("请输入第一个正整数:", "输入对话框")
myb = InputBox("请输入第二个正整数:", "输入对话框")
a = Val(mya)
b = Val(myb)
'从 a、b 中的最小值开始找最大公约数
If a > b Then
        i = b
Else
        i = a
End If
'由大到小开始找最大公约数
'如果 i 能被 a 整除，又能被 b 整除，则找到最大公约数，否则执行循环
Do While Not (a Mod i = 0 And b Mod i = 0)
        i = i - 1
Loop
Print "你输入的两个数为: " & a & " " & b
Print "最大公约数为" & i
End Sub
```

6. 保存工程，单击工具栏上的 ▶ 按钮，运行程序。在窗体上单击鼠标，在弹出的输入对话框中输入两个数据。
7. 单击 确定 按钮，返回到主窗体，显示输入的数据及对应的最大公约数，如图 4-7 所示。
8. 单击工具栏上的 ■ 按钮，停止程序。

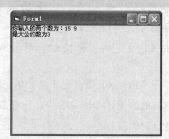

图 4-7 案例 1 显示结果

4.3　案例 2 —— 金字塔设计

设计如图 4-8 所示的金字塔图案。

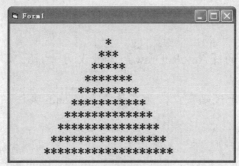

图4-8　金字塔图案

【操作步骤】

1. 新建一个标准工程。
2. 选中窗体，并将窗体的【AutoReDraw】属性设为 "True"。
3. 双击窗体空白处，打开代码窗口，并为窗体添加 Load 事件。
4. 单击过程列表框右端的箭头，打开过程下拉列表，选择【Click】选项，为窗体添加 Click 事件。
5. 在代码窗口中删除 Load 事件，并添加如下代码：

```
Option Explicit
Private Sub Form_Click()
Dim i As Integer, j As Integer
'图形共有10行，i代表行
For i = 1 To 10
    '每行缩进16-i个制表符，即按 Tab 键16-i 次
    Print Tab(16 - i);
    '每行有2*i-1个*号
    For j = 1 To 2 * i - 1
        Print "*";
    Next j
      Print '换行
Next i
End Sub
```

6. 保存工程，单击工具栏上的 ▶ 按钮，运行程序。在窗体上单击鼠标，显示如图 4-8 所示金字塔图案。
7. 单击工具栏上的 ■ 按钮，停止程序。

【案例小结】

使用 For…Next 循环嵌套时，应注意内循环和外循环的变量不能同名，并且 For 和 Next 必须配对使用，即有多少个 For，就必须有多少个 Next 与之配对。

4.4 案例 3 —— 求出 1~100 之间的所有素数

求 1~100 之间的所有素数。

【操作步骤】

1. 新建一个标准工程。
2. 选中窗体，并将窗体的【AutoReDraw】属性设为 "True"，【WindowState】属性设为 "2 - Maximized"。
3. 双击窗体空白处，打开代码窗口，为窗体添加 Load 事件，并在代码窗口中添加如下代码：

```
Option Explicit
Private Sub Form_Load()
Dim i As Integer, j As Integer, m As Integer
'从1开始查找直到100
For i = 1 To 100
        m = 0  '用于判断是否是素数
    '从2 开始查找，只要能找到被 i 整除的数便退出循环
     '并且判定 i 不是素数，如果找不到，则为素数
        For j = 2 To i - 1
        If i Mod j = 0 Then
            m = 1
            Exit For
        End If
    Next j
    '如果为素数，便显示出来
    If m = 0 Then
        Print i;
    End If
Next i
End Sub
```

4. 保存工程，单击工具栏上的 ▶ 按钮，运行程序，窗体上直接显示1~100所有素数。
5. 单击工具栏上的 ■ 按钮，停止程序。

【案例小结】

Exit 语句既可以直接退出 For 循环或 Do 循环，同样可以用于直接退出某个过程。退出 For 循环或 Do 循环后，For 循环或 Do 循环在 Exit For 或 Exit Do 后面的语句将不会再被执行，但 For 循环或 Do 循环后面的语句还是会继续执行。

习题

一、选择题

1. 执行下面的程序段后，x 的值为_____。

```
x=5
For i=1 To 20 Step 2
x=x+i\5
Next i
```

    A. 21   B. 22   C. 23   D. 24

2. 在窗体上画两个文本框（其【Name】属性分别为"Text1"和"Text2"）和一个命令按钮（其【Name】属性为"Command1"），然后编写如下事件过程：

```
Private Sub Command1_Click()
x=0
Do While x<50
x=(x+2)*(x+3)
n=n+1
Loop
Form1.Print x
Form1.Print n
End Sub
```

    程序运行后，单击命令按钮，窗体上显示的值分别为_____。

    A. 1 和 0   B. 2 和 72   C. 3 和 50   D. 4 和 168

3. 执行下面的程序段后，s 的值为_____。

```
s=5
For i = 2.6 To 4.9 Step 0.6
s=s+1
Next i
```

    A. 7   B. 8   C. 9   D. 10

4. 执行下面的程序段后，s 的值为_____。

```
s = 0
i = 1
N=1
Do While i < N
  s = s + i
  i = i + 1
Loop
```

    A. 0   B. 1   C. 2   D. 3

5. 执行下面的程序段后，s 的值为_____。

```
s = 0
```

```
i = 1
N=1
Do
  s = s + i
  i = i + 1
Loop While i < N
```

    A. 0   B. 1   C. 2   D. 3

二、填空题

1.   在空白处填上代码以完成整个循环。

```
For i = l To 10
    Print Tab(16 - i);
    For j = 1 _____ 2 * i - 1
        Print "*"
    Next j
      Print '换行

_____
```

2.   补充代码，以完成查找 75 最大公约数的功能。

```
For i=36 To 1 _____
    If 75 mod i == 0 Then
        Print "75 最大公约数为",i

        _____
    End if

_____
```

3.   补充代码，以完成查找 35 和 75 最大公约数的功能。

```
i=18
'如果 i 能被 35 和 75 整除，则为最大公约数
Do While Not (35 Mod i = 0 And 75 Mod i = 0)

     _____
Loop
```

三、编程题

1.   求 $1/1+1/2+1/3+\cdots 1/n$。要求 n 从输入对话框中输入。

2.   求 $1!+2!+3!+\cdots+n!$。要求 n 从输入对话框中输入。（提示：$n!=1*2*3*\cdots*n$。）

3.   编程求出 100～200 之间的全部素数。

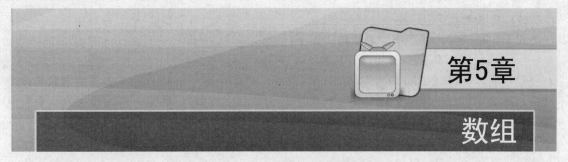

第5章

数组

在使用 Visual Basic 6.0 开发程序时，通常会遇到同类型的成批数据。如学生的成绩，如果每门成绩都用变量来存放，则有多少门功课就需要多少个变量，这势必会增大代码的输入量，也会造成不必要的浪费。为了节省资源，减少不必要代码的输入，Visual Basic 6.0 提供了数组来存放同类型成批的数据。

❖ 了解数组的类型。
❖ 掌握数组的声明和数组元素的引用方法。
❖ 掌握静态数组和动态数组的使用方法。
❖ 掌握使用数组来处理一些复杂问题的技巧。

5.1 知识解析

数组是任何高级语言都具有的一种数据结构，数组的基本功能是用来存放一系列同类型的数据，可看成是一组同类型变量的组合。

5.1.1 数组基本知识

数组是多个变量的组合，这些变量具有相同的名字，它们是靠索引值来区分，一般形式如下：

```
S(i, j, …, n)
```

其中 S 为数组名，i, j, …, n 为正整数，称为索引值。索引值的个数不同，所代表的数组的维数也不同。按维数的不同，数组分为一维数组、二维数组和多维数组。对于一维数组，其索引值为单一的，如 S(5)、S(1)；对于二维数组，其索引值为两个，如 S(5,1)、S(1,5)；对于维数为 n 的多维数组，其索引值为 n 个，如三维数组 S(1,1,1)共有 3 个索引值。

数组还有定长和可变长之分。定长数组又称为固定数组，其长度或大小是事先被定义好的，不可改变，即数组中的变量个数是一定的；可变长数组也称为动态数组，其长度是可变的，即数组中变量个数是可以改变的。

5.1.2 数组声明

和单个变量使用一样，数组也必须是在声明之后才能使用。

(1) 定长数组声明。

对于定长数组，其声明的语法结构如下：

```
Declare 数组名(下标 1，下标 2，…，下标 n) As 数据类型
```

和变量声明一样，"Declare" 可以是 Dim、Static、Public 或 Private；括号内面的下标必须是常数，n 表示数组的维数，括号中下标的个数由数组的维数 n 确定，格式通常为：下限值 To 上限值，其中 "下限值 To" 可以省略，也是默认值，表示索引值从 0 开始。

例如，定义一个名为 s、长度为 5、数据类型为整型的一维数组，语法结构如下：

```
Dim s(0 To 4) As Integer 或 Dim s(4) As Integer
```

定义一个名为 s、长度为 5×5、数据类型为整型的二维数组，语法结构如下：

```
Dim s(0 To 4,0 To 4) As Integer 或 Dim s(4,4) As Integer
```

(2) 动态数组声明。

数组长度或大小到底应该多大才算合适，有些情况下很难确定，这就需要数组在运行时能够改变大小，即使用动态数组。使用动态数组，可以在程序中任意改变数组的长度，可短时间使用一个大数组，在不使用这个数组时，将内存空间释放给系统，有助于有效管理内存。要创建动态数组，可按照以下步骤执行。

① 首先使用 Dim、Static、Public 或 Private 声明一个空数组，例如：

```
Dim s() As Integer
```

② 在使用数组时，使用 ReDim 来设置数组的长度或大小，例如：

```
ReDim s(4) As Integer
ReDim s(4,4) As Integer
```

与 Dim、Static、Public、Private 语句不同，ReDim 语句只能出现在过程中。

【例5-1】 求数组大小。

【操作步骤】

1. 新建一个标准工程。
2. 选中窗体，并将窗体的【AutoReDraw】属性设为 "True"。
3. 双击窗体空白处，打开代码窗口，为窗体添加 Load 事件，并添加如下代码：

```
Option Explicit
Private Sub Form_Load()
Dim a(4) As Integer '声明一个一维数组
Dim b(5, 4) As Integer '声明一个二维数组
Dim c() As Integer
Dim al, at, bl1, bt1, bl2, bt2, cl, ct As Integer
ReDim c(9)
al = LBound(a) '求一维数组索引值下限值
at = UBound(a) '求一维数组索引值上限值
bl1 = LBound(b, 1) '求二维数组第一维索引值下限值
bt1 = UBound(b, 1) '求二维数组第一维索引值上限值
bl2 = LBound(b, 2) '求二维数组第二维索引值下限值
bt2 = UBound(b, 2) '求二维数组第二维索引值上限值
```

```
cl = LBound(c) '求动态数组索引值下限值
ct = UBound(c) '求动态数组索引值上限值
Print "数组 c 为动态数组，其长度为" & ct - cl
ReDim c(4) '改变动态数组的长度
cl = LBound(c) '再求动态数组的下限值
ct = UBound(c) '再求动态数组的下限值
Print "数组 c 为动态数组，其长度为" & ct - cl
cl = LBound(c) '求二维数组第二维索引值下限值
ct = UBound(c)
Print "数组 a 为一维数组，其长度为" & at - al
Print "数组 b 为二维数组，其长度为" & bt1 - bl1 & "X" & bt2 - bl2
End Sub
```

4. 保存工程，单击工具栏上的 ▶ 按钮，运
   行程序，窗体上显示所定义数组的大
   小，如图 5-1 所示。

5. 单击工具栏上的 ■ 按钮，停止程序。

【知识链接】

(1) Lbound 和 Ubound 函数分别用于返
回数组的下限值和上限值，语法结构如下：

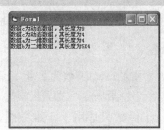

图5-1　【例 5-1】显示结果

```
Lbound(数组名,维数)        ,  Ubound(数组名,维数)
```

对于一维数组，可简写为 Lbound(数组名)、Ubound(数组名)。如例 5-1 中的
Lbound(a)、Ubound(a)；对于二维和多维数组，要想得到下限值和上限值，必须指明维数，
如果省略维数，则默认得到第一维的下限值和上限值。如例 5-1 中，数组 b 为二维数组，在
得到第一维的下限值和上限值时，使用的是 Lbound(b,1)、Ubound(b,1)，其中"1"指的是数
组第一维；在得到第二维的下限值和上限值时，使用的是 Lbound(b,2)、Ubound(b,2)，其中
"2"指的就是数组第二维。

(2) 动态数组的长度或大小是在使用 ReDim 来分配时才被确定下来，是可以改变的。
如例 5-1 中，数组 c 为动态数组，其长度可为 9，又可为 4。

5.1.3 数组的基本操作

声明一个数组之后，便可以对数组的元素进行操作，如数组元素的引用以及赋值。

(1) 数组元素引用。

引用数组元素的格式是：

数组名（索引值,索引值,…）

如果数组的维数为 n，则括号内有 n 个索引值。

对于一维数组，数组元素引用的格式为：数组名(i)，其中 i 为索引值。例如，s(1)引用
的是数组 s 的第一个元素；对于二维数组，数组元素引用的格式为：数组名(i,j)，通常 i 被
看做是行的索引值，j 被看做是列的索引值。例如，s(2,2)引用的是数组 s 第 2 行、第 2 列对
应的元素。

（2） 数组元素赋值。

① 利用循环结构给数组元素赋值。对于一维数组，索引值是单个的，只需要使用单重循环结构便可以对数组元素进行赋值，例如：

```
Dim s(4) As Integer
For i=0 to 4
    s(i)=3
Next i
```

对于二维数组，索引值的个数为 2，需两个变量与索引值对应起来，因此需双重循环结构才能完成对每个数组元素的赋值。例如：

```
Dim s(2,3) As Integer
    For i=0 to 2
    For j=0 to 3
       S(i,j)=3
       Next j
    Next i
```

② 利用 Array()函数为数组元素赋值，即把一个数据集读入某个数组。其格式为

数组变量名＝Array（数组元素值，数组元素值）

Array()函数只适用于一维数组，声明的数组必须是动态数组，并且数组类型只能是变体型 Variant。例如：

```
Dim s() As Variant
s=Array(1,2,3,4,5)
```

【例5-2】 数组求和。

【操作步骤】

1. 新建一个标准工程。
2. 选中窗体，并将窗体的【AutoReDraw】属性设为 "True"。
3. 双击窗体空白处，打开代码窗口，并为窗体添加 Load 事件。
4. 单击过程列表框右端的箭头，打开过程下拉列表，选择【Click】选项，为窗体添加 Click 事件。
5. 在代码窗口中删除 Load 事件，并添加如下代码：

```
Option Explicit
Private Sub Form_Click()
Dim mya As String
Dim i As Integer
Dim s(9), sadd As Double
sadd = 0
'输入数据,并将输入的数据存放在对应数组元素中
For i = 0 To 9
mya = InputBox("请输入第" & Str(i + 1) & "个元素值! ","数据输入窗口")
s(i) = Val(mya)
```

```
Next
Print "你输入的数组为:";
'数组元素累加求和
For i = 0 To 9
  sadd = sadd + s(i)
  Print s(i);
Next
Print
Print "所有元素之和为:" & sadd
End Sub
```

6. 保存工程，单击工具栏上的 ▶ 按钮，运行程序。在窗体上单击鼠标，弹出输入对话框，如图 5-2 所示，依次输入 10 个数据。

7. 单击 确定 按钮，返回到主窗体，显示输入的数据以及所有数据之和，如图 5-3 所示。

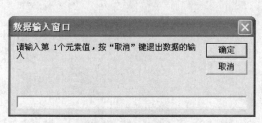

图5-2 输入对话框

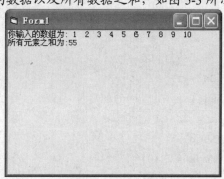

图5-3 【例 5-2】显示结果

8. 单击工具栏中的 ■ 按钮，停止程序。

> ① 数组中所有元素都共用一个变量名，元素的区分是通过元素在数组中位置来实现的，即元素的索引值。通常，元素的索引值是从 0 开始算起，即第一个元素对应的索引值为 0。
> ② 引用数组元素时，索引值代表的是元素在数组中的位置，而声明数组时，索引值代表的是索引值的取值范围。

5.2 案例 1——找出数组中的最大值和最小值

找出数组中的最大值和最小值。

【操作步骤】

1. 新建一个标准工程。
2. 选中窗体，并将窗体的【AutoReDraw】属性设为"True"。
3. 双击窗体空白处，打开代码窗口，并为窗体添加 Load 事件。
4. 单击过程列表框右端的箭头，打开过程下拉列表，选择【Click】选项，为窗体添加 Click 事件。
5. 在代码窗口中删除 Load 事件，并添加如下代码：

```
Option Explicit
Private Sub Form_Click()
Dim mya As String
Dim i As Integer, j As Integer, a As Integer
Dim s(20) As Double
Dim smax As Double, smin As Double
a = 1
i = 0
'输入数据,在输入对话框中单击"确定"按钮,重新输入新的数组元素
'单击"取消"按钮,完成数组元素的输入
Do While a = 1
mya = InputBox("请输入第" & Str(i) & "个元素值,按"取消"键退出数据的输入",_
"数据输入窗口")
If mya = "" Then
        a = 0
    Exit Do
End If
s(i) = Val(mya)
i = i + 1
Loop
smax = s(0)
smin = s(0)
' 根据输入数组元素的个数不同,执行不同的选择
Select Case i
'数组元素个数为 0
        Case 0
                Print " 无数组元素输入"
'数组元素个数为 1
        Case 1
                Print "你输入的数组为:" & s(i - 1)
                Print "最大值和最小值都为" & s(i - 1)
    '数组元素个数大于等于 2
Case Else
                Print "你输入的数组为:";
'通过循环比较,求最大值和最小值
                For j = 0 To i - 1
                    Print s(j);
                        If s(j) > smax Then
                            smax = s(j)
                        End If
```

```
                    If s(j) < smin Then
                        smin = s(j)
                    End If
                Next
        End Select
        Print
        Print "最大数为: " & smax & "; 最小数为: " & smin
End Sub
```

6. 保存工程，单击工具栏上的 ▶ 按钮，运行程序。在窗体上单击鼠标，弹出输入对话框，如图 5-4 所示。单击 确定 按钮，输入数组的下一个元素。单击 取消 按钮，完成数组元素的输入，窗体上显示输入的数组及数组的最大值和最小值，如图 5-5 所示。

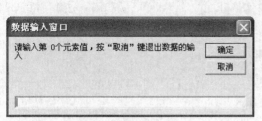

图5-4 输入对话框

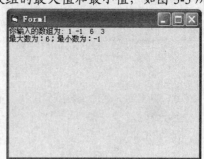

图5-5 案例1显示结果

7. 单击工具栏上的 ■ 按钮，停止程序。

【案例小结】

在不知道数组的长度情况下声明数组时，可采取两种方式，一种是将数组声明为无固定长度的数组，但在引用数组元素之前，必须使用 ReDim 语句为数组设置长度，否则会出错；还有一种方式是直接将数组声明为尽可能长的固定长度数组，在本案例中，便是采用这种方式。

5.3 案例 2 —— 由小到大排列数组

将数组由小到大进行排列。

【操作步骤】

1. 新建一个标准工程。
2. 选中窗体，并将窗体的【AutoReDraw】属性设为 "True"。
3. 双击窗体空白处，打开代码窗口，并为窗体添加 Load 事件。
4. 单击过程列表框右端的箭头，打开过程下拉列表，选择【Click】选项，为窗体添加 Click 事件。
5. 在代码窗口中删除 Load 事件，并添加如下代码：

```
Option Explicit
Private Sub Form_Click()
Dim mya As String
Dim i, j, k, a As Integer
```

```
Dim s(1 To 20), t As Double
a = 1
i = 1
'输入数据,在输入对话框中单击"确定"按钮,重新输入新的数组元素
'单击"取消"按钮,完成数组元素的输入
Do While a = 1
mya = InputBox("请输入第" & Str(i) & "个元素值,按"取消"键退出数据的输入", _
"数据输入窗口")
If mya = "" Then '单击"取消"按钮,完成数组元素的输入
    a = 0
    Exit Do
End If
s(i) = Val(mya)
i = i + 1
Loop
' 根据输入数组元素的个数不同,执行不同的选择
Select Case i
'数组元素个数为0
  Case 0
  Print " 无数组元素输入"
'数组元素个数为1
  Case 1
  Print "你输入的数组为:" & s(i - 1)
  Print "最大值和最小值都为" & s(i - 1)
'数组元素个数大于等于2
  Case Else
'先显示输入的数组
  Print "你输入的数组为:";
  For j = 1 To i - 1
    Print s(j);
  Next
  '将相近的两个元素进行比较,如果前面的元素大于后面的
  '则两者交换位置,否则不交换
  For j = 1 To i - 1
    For k = 1 To i - 1 - j
      If s(k) > s(k + 1) Then
        t = s(k)
        s(k) = s(k + 1)
        s(k + 1) = t
      End If
```

```
      Next k
   Next j
End Select
Print
Print "从小到大排序后: ";
For j = 1 To i - 1
   Print s(j);
Next
End Sub
```

6.　保存工程，单击工具栏上的按钮 ▶，运行程序。在窗体上单击鼠标，在输入对话框中
　　输入数组的下一个元素，窗体上显示按从小到大排序的结果，如图 5-6 所示。

7.　单击工具栏上的 ■ 按钮，停止程序。

【案例小结】

　　通常，数组元素的索引值是从 0 开始算起，即第
一个元素对应的索引值为 0，但如果指明了最小索引
值，则索引值从最小索引值计算。如本案例中，数组
s 被声明为 "s(1 To 20)"，则索引值从 1 开始算起，
而不是从 0 算起。

图5-6　案例 2 显示结果

5.4　案例 3 —— 显示杨辉三角形的数据列

　　杨辉三角形数据列如图 5-7 所示，其特点为：每一
行的第一个和最后一个元素都为 1，其余各元素等于它
上面一行的同一列和前一列数据之和。

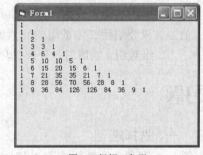

【操作步骤】

1.　新建一个标准工程。

2.　选中窗体，并将窗体的【AutoReDraw】属性设为
　　"True"。

3.　双击窗体空白处，打开代码窗口，并为窗体添加
　　Load 事件。

图5-7　杨辉三角形

4.　单击过程列表框右端的箭头，打开过程下拉列表，选择【Click】选项，为窗体添加
　　Click 事件。

5.　在代码窗口中删除 Load 事件，并添加如下代码:

```
Option Explicit
Private Sub Form_Click()
Dim s(9, 9), i, j As Integer
For i = 0 To 9
   '每一行的第一个为1
   s(i, 0) = 1
```

```
'每一行最后一个元素都为1
    s(i, i) = 1
Next i
For i = 2 To 9
   For j = 1 To i - 1
    '除每一行的第一个和最后一个元素之外
    '其余每个元素等于它上面一行的同一列和前一列数据之和
       s(i, j) = s(i - 1, j - 1) + s(i - 1, j)
   Next j
Next i
'显示二维数组
For i = 0 To 9
   For j = 0 To i
       Print s(i, j);
   Next j
   Print
Next i
End Sub
```

6. 保存工程，单击工具栏上的 ▶ 按钮，运行程序。在窗体上单击鼠标，窗体上显示杨辉三角形数据列，如图5-7所示。

7. 单击工具栏上的 ■ 按钮，停止程序。

【案例小结】

二维数组类似于表格，由行和列组成，通常表示为 $s(i,j)$，其中 i 为行的索引值，j 为列的索引值。如果要引用二维数组的元素或为元素赋值时，必须同时指明行和列的索引值。如本案例中，为二维数组 s 赋值时，外层循环用于取行的索引值，内层循环用于取列的索引值。

习题

一、选择题

1. 定义一个数组 Dim s(12) As Integer，该数组共有_____个元素。
   A. 11　　　　　　B. 12　　　　　　C. 13　　　　　　D. 不能确定

2. 定义一个数组 Dim s(3 To12) As Integer，该数组共有_____个元素。
   A. 11　　　　　　B. 12　　　　　　C. 13　　　　　　D. 9

3. 定义一个数组 Dim s(3 To12) As Integer，以下元素引用正确的是_____。
   A. s(0)　　　　　B. s(1)　　　　　C. s(5)　　　　　D. s(13)

4. 执行以下语句：

```
Dim s() As Varient,a As Integer
s=Array(1,2,3,4,5)
a=s(3)
```

则 a 的值为_____。

A. 1　　　　　　B. 2　　　　　　C. 3　　　　　　D. 4

5. 定义一个数组 Dim s(3,12) As Integer，以元素引用正确的是_____。

A. s(4,10)　　　B. s(2,13)　　　C. s(4,13)　　　D. s(2,10)

二、填空题

1. 补充代码，以实现数组 s 中所有元素求和。

```
Dim s() As Variant
Dim sadd as Double
Dim i As Integer
s=Array(1,2,3,4,5,6)
For i = 0 To _____
    sadd = sadd + _____
Next i
```

2. 补充代码，以实现在数组中查找第一个负数出现的位置。

```
Dim s() As Variant
Dim i as Integer,a As Integer
s=Array(2,8,-3,5,-4,6)
For i = 0 To _____
    If _____ Then
          a=i
          Exit For
    End If
Next i
```

三、编程题

1. 由输入对话框按顺序输入 n 个元素值，然后按由大到小的顺序排列数组。

2. 在窗体上显示如图 5-8 所示的数组。提示：需定义 1 个 5 行、5 列的二维数组，数组元素的通式为 $s(i,j)=i+j$，其中 i 为行号，j 为列号。

图5-8 窗体显示的结果

第6章

窗体和常用控件

通过前面几章基础知识的介绍，读者已经了解窗体和控件是用户界面最基本的组成元素。窗体和控件都有自己的属性和事件，灵活地使用这些属性和事件，便可以实现一些特定的任务。在本章将介绍如何使用窗体和控件来开发简单的应用程序。

❖ 熟悉窗体的常用属性及事件。
❖ 掌握窗体显示及隐藏的方法。
❖ 掌握添加、编辑控件的方法。
❖ 熟悉控件的共有属性和共有事件。
❖ 掌握标签控件的常用属性及事件。
❖ 掌握文本框、命令按钮控件的常用属性及事件。
❖ 掌握单选按钮、复选框控件的常用属性及事件。
❖ 掌握框架控件的常用属性及事件。
❖ 掌握列表框、组合框控件的常用属性及事件。
❖ 掌握滚动条控件常用属性及事件。
❖ 掌握定时器控件常用属性及事件。
❖ 了解控件命名的一般约定。
❖ 掌握使用通用对话框控件来调用常用对话框的方法。

6.1 知识解析

用 Visual Basic 6.0 来设计程序的方法和画画类似。在画画之前，首先要了解画布的性质，如颜色、纸张特性等，然后再在画布上画一些图案，如人、动物、植物等，而在画画的过程中，要对每个图案的特点（如颜色、姿势等）做到心中有数。控件可看做是画中的图案，是用户界面最基本的组成元素，而窗体可看做是画布，是容纳控件的容器。要设计一个完美的程序界面，除了要了解窗体的属性之外，对每个控件的属性也必须熟悉。当然，在画布上画出的画是静止的，而设计的程序是"活动"的，要让程序能够"动起来"，还必须灵活使用窗体和控件事件。

6.1.1 窗体

窗体是容纳控件的容器,通过在窗体上添加各种各样的控件,才能设计出具有交互功能的友好界面。作为 Visual Basic 6.0 常有对象之一,窗体有着自己独有的属性、事件和方法。

(1) 窗体常用属性。

①【名称】属性。

- 功能:返回或设置窗体的名字。
- 说明:【名称】属性就如同控件的"姓名",通过该"姓名"便可以访问窗体。

②【Appearance】属性。

- 功能:返回或设置窗体的的外观样式。
- 说明:【Appearance】属性有两个取值:0 或 1。【Appearance】属性为 0 时,表示将窗体的外观设为平面的样式;【Appearance】属性为 1 时,表示将窗体的外观设为三维的样式。

③【BackColor】属性。

- 功能:返回或设置窗体背景的颜色。
- 说明:设置【BackColor】属性将会直接改变窗体的底色。

④【Caption】属性。

- 功能:返回或设置窗体标题栏中所显示的文字。

⑤【Enabled】属性。

- 功能:返回或设置窗体是否可用。
- 说明:【Enabled】属性有两个取值:True 或 False。【Enabled】属性为 True(默认值)时,表示控件可用,可以响应用户的操作;【Enabled】属性为 False 时,控件为灰色,表示控件不可用,不能响应用户的操作。

⑥【ForeColor】属性。

- 功能:返回或设置窗体的前景颜色。
- 说明:设置【ForeColor】属性将会影响图形及文本的颜色。

⑦【Font】属性。

- 功能:返回或设置窗体文本所用的字体名、字体样式及字体大小。
- 说明:【Font】属性是通过【字体】对话框来设置的,包括字体名、字体样式、字体大小等有关字体的属性。

⑧【Height】属性、【Width】属性。

- 功能:【Height】属性返回或设置窗体的高度;【Width】属性返回或设置窗体的宽度。
- 说明:窗体的大小可以通过拖动窗体边角来改变,也可以通过设置【Height】、【Width】属性来改变。

⑨【Left】属性、【Top】属性。

- 功能:【Left】、【Top】属性返回或设置窗体在屏幕上出现的位置。
- 说明:控件的位置可以通过拖动控件来改变,也可以通过设置【Left】、【Top】属性来改变。

⑩【Visible】属性。

- 功能：返回或设置窗体是否可见。
- 说明：【Visible】属性有两个取值：True 或 False。【Visible】属性为 True（默认值）时，表示窗体可见；【Visible】属性为 False 时，表示窗体不可见。

以上属性既是窗体常用属性，也是控件常用的共有属性。除了以上属性之外，窗体还有以下独有属性。

⑪【AutoReDraw】属性。

- 功能：返回或设置是否允许更新窗体上的内容。
- 说明：【AutoReDraw】属性在前面几章中经常用到，它有两个取值：True 或 False。【AutoReDraw】属性为 True 时，表示允许更新窗体上的内容，因此要在窗体上显示文字或在窗体上画图，必须将【AutoReDraw】属性设为 True；【AutoReDraw】属性为 False 时，表示不允许更新窗体上的内容，窗体不能显示任何文字或图形。

⑫【BorderStyle】属性。

- 功能：设置窗体的边框风格。
- 说明：【BorderStyle】属性有 6 个取值：0 - None、1 - Fixed Single、2 - Sizable、3 - Fixed Dialog、4 - Fixed ToolWindow、5 - Sizable ToolWindow。

⑬【MaxButton】和【MinButton】属性。

- 功能：用于控制窗体是否有最大化、最小化按钮。
- 说明：【MaxButton】、【MinButton】属性都有两个取值：True 或 False。其取值为 True（默认值）时，窗体有最大化、最小化按钮；为 False 时，无最大化、最小化按钮。

⑭【WindowState】属性。

- 功能：用于返回或设置窗体运行时的状态。
- 说明：【WindowStae】属性有 3 个取值，取为 0（默认值）时，窗体以设计时的状态运行；取为 1 时，窗体以最小化样式运行；取为 2 时，窗体以最大化样式运行。

(2) 窗体常用事件。

① Load 事件：是窗体最常用事件，双击窗体的空白处便可以为窗体添加该事件，常用来初始化变量或控件的位置。

② 鼠标事件：鼠标事件和键盘事件是 Visual Basic 6.0 最常用的两类事件，窗体和大部分控件都能响应这两类事件。鼠标事件包括单击（Click）事件、双击（DblClick）事件、鼠标按下（MouseDown）事件、鼠标弹起（MouseUp）事件、鼠标移动（MouseMove）事件等，各事件的语法结构如下：

```
Private Sub 窗体或控件名_Click()

End Sub

Private Sub 窗体或控件名_DblClick()

End Sub
```

```
Private Sub 窗体或控件名_MouseDown(Button As Integer, Shift As Integer,
X As Single, _Y As Single)

End Sub

Private Sub 窗体或控件名_MouseMove(Button As Integer, Shift As Integer,
X As Single, _Y As Single)

End Sub

Private Sub 窗体或控件名_MouseUp(Button As Integer, Shift As Integer, X
As Single, _Y As Single)

End Sub
```

Click 事件是鼠标事件中应用最广的事件，大多数控件包括窗体都能响应该事件。在控件或窗体上单击鼠标，便会激发 Click 事件；在控件或窗体上按下鼠标，便会激发 MouseDown 事件；松开鼠标，便会激发 MouseUp 事件；在控件或窗体上移动鼠标，便会激发 MouseMove 事件。MouseDown 事件、MouseUp 事件和 MouseMove 事件都含有相同的事件参数："Button"、"Shift"、"X" 和 "Y"。这 4 个参数是由系统自动添加，不需要用户去设定，其中 "Button"，"X" 和 "Y" 3 个参数最为常用，各参数的说明如下。

- "Button" 参数："Button" 是一个整型参数，用来获取用户所按下的鼠标键，其取值如表 6-1 所示。

表 6-1 　　　　　　　　　　　　　　"Button" 参数值

Button 值	常　量	说　明
000（十进制 0）		未按任何键
001（十进制 1）	vbLeftButton	左键被按下（默认值）
010（十进制 2）	vbRightButton	右键被按下
011（十进制 3）	VbLeftButton+ vbRightButton	同时按下左键和右键
100（十进制 4）	vbMiddleButton	中键被按下
101（十进制 5）	VbMiddleButton+ vbLeftButton	同时按下中键和左键
110（十进制 6）	VbMiddleButton+ vbRightButton	同时按下中键和右键
111（十进制 7）	VbMiddleButton+ vbLeftButton+ vbRightButton	3 个键同时被按下

- "X"、"Y" 参数："X"、"Y" 参数用于记录鼠标指针所在的位置，其中 "X" 参数记录指针的横坐标，"Y" 参数记录指针的纵坐标。"X"、"Y" 参数随着鼠标的移动而改变。

③ 键盘事件：也是窗体和大多数控件都能响应的事件，包括按键（KeyPress）事件、键按下（KeyDown）事件、键弹起（KeyUp）事件，各事件的语法结构如下：

```
Private Sub 窗体或控件名_KeyPress(KeyAscii As Integer)

End Sub
```

```
Private Sub 窗体或控件名_KeyDown(KeyCode As Integer, Shift As Integer)

End Sub


Private Sub 窗体或控件名_KeyUp(KeyCode As Integer, Shift As Integer)

End Sub
```

当在窗体或控件上按下键盘上的某个键时，除了激发 KeyPress 事件之外，还会激发 KeyDown 事件；松开所按下的键时，便会激发 KeyUp 事件。在这 3 个事件中，都有一个用来获取当前所按键键码的参数，KeyPress 事件获取的是按键上字符的 ASCII，即 "KeyAsciic" 参数；而 KeyDown、KeyUp 事件获取的是按键的扫描码，即 "KeyCode" 参数，这两个参数都是由系统自动传递过来的，不需要用户去设定。

【知识链接】

键盘的每个键都有一个 ASCII 码和扫描码，扫描码反映的是按键的位置信息，而 ASCII 码反映的是标准的字符信息，因此 "KeyCode" 参数不能区分大小写，即大写 A 和小写 a 所对应的 "KeyCode" 值是一样的，都为 65，而 "KeyAscii" 参数则可以区分大小写。

（1）窗体常用方法。

窗体常用方法包括数据输出（Print 方法）、窗体显示（Show 方法）、窗体隐藏（Hide 方法）。其中 Print 方法已在前面几章介绍过，这里不再详细介绍。

① Show 方法。

语法结构如下：

窗体名.Show 样式

其中 "样式" 参数用来指定窗体的模式，为可选参数，它的值为 0 或 1。该参数取 1（默认值）时，表示窗体是模态的，即用户只能操作所显示的窗体，而不能操作其他窗体；取 0 时，表示窗体是非模态的，即用户既能操作所显示的窗体，又可以操作其他窗体。

② Hide 方法。

语法结构如下：

窗体名.Hide

使用 Hide 方法只是将窗体隐藏起来，即在屏幕上看不到窗体，但与窗体有关的代码还在继续执行。

除了以上两种常用方法之外，窗体还支持一些绘图方法，这将在以后章节进行介绍。

（2）窗体的添加和删除。

在启动 Visual Basic 时，默认情况下，系统会自动为程序添加一个窗体，用户也可以向程序中添加多个窗体，添加方法如下。

① 选择【工程】/【添加窗体】命令，弹出如图 6-1 所示的【添加窗体】对话框。

② 单击窗体列表框中的窗体，默认情况下，标准窗体被选中。也可以切换到【现存】选项卡，然后选择已经存在的窗体。

③ 选中窗体后，单击 确定 按钮，便向程序中添加了一个新的窗体，这时的【工程】面板如图 6-2 所示。

在程序设计阶段，如果想删除某个窗体，方法如下。

① 在【工程】面板中单击想要删除窗体对应的图标。

② 在图标上单击鼠标右键，在弹出的快捷菜单中选择【移除窗体】命令。

③ 如果窗体被修改过，则会弹出如图 6-3 所示的保存窗体提示框，单击按钮 [是(Y)]，则在删除窗体的同时保存窗体；单击按钮 [否(N)]，则在删除窗体的同时不保存窗体。

④ 如果窗体未被修改过，则直接删除窗体。

在程序运行时如果想显示或隐藏某个窗体，可使用 Show 方法或 Hide 方法。

应用程序有了多个窗体之后，每个窗体界面设计都是独立完成。在设计某个窗体界面时，需先激活该窗体，即将窗体置于最上层。双击【工程】面板中对应窗体的图标，该窗体即被选中，并被置于最上层；在【工程】面板中单击对应窗体的图标，然后单击查看对象按钮 [国]，也可以选中窗体，并将窗体置于最上层。

【例6-1】 多变窗体设计。

设计多变窗体，最终效果如图 6-1～图 6-3 所示。

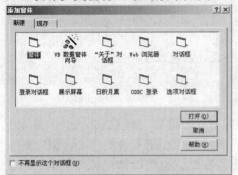

图6-1　【添加窗体】对话框　　　　图6-2　【工程】面板　　　　图6-3　保存窗体提示框

【操作步骤】

1. 新建一个标准工程。

2. 选中窗体，将窗体的【Caption】属性设为"初始窗体"，【StartUpPosition】属性设为"2-屏幕中心"。

3. 双击窗体空白处，为窗体添加 Load 事件，在代码窗口的过程列表框中分别选择【Click】选项和【DblClick】选项，为窗体添加 Click 和 DblClick 事件，并编写如下代码：

```
Option Explicit

Dim a As Boolean '用于判断是否双击过窗体

Private Sub Form_Click()
'单击窗体，改变窗体的背景颜色
Form1.BackColor = RGB(255 * Rnd, 255 * Rnd, 255 * Rnd)
End Sub

Private Sub Form_DblClick()
'双击窗体空白处，窗体最大化
'再次双击窗体空白处，窗体恢复到初始状态
If a = False Then
    Form1.WindowState = 2
```

```
    Form1.Caption = "最大化窗体"
Else
    Form1.WindowState = 0
    Form1.Caption = "初始窗体"
End If
'双击窗体一次，a 的值取反一次
a = Not a
End Sub

Private Sub Form_Load()
a = False
End Sub
```

4. 保存工程，单击工具栏上的 ▶ 按钮，运行程序。在窗体空白处双击窗体，窗体最大化，并且标题变为"最大化窗体"。

5. 再次双击窗体，窗体恢复到初始状态。

6. 在窗体上单击鼠标，窗体的颜色跟着改变，单击一次，颜色改变一次。

7. 单击工具栏上的 ■ 按钮，停止程序。

【知识链接】

(1) StartUpPosition 属性用于返回或设置窗体在屏幕中的位置，有 0、1、2、3 共 4 个取值，取 0 时，表示出现在屏幕的左上角；取 1 时，表示出现在所有者的中心；取 2 时，表示出现在屏幕的中心；取 3（默认值）时，表示出现在默认位置，即坐标为（0，0）的位置。

(2) RGB(x,y,z)函数用于设置颜色，其中"x,y,z"为正整数，$0 \leq x \leq 255$，$0 \leq y \leq 255$，$0 \leq z \leq 255$。

(3) 程序运行时，在窗体上执行某项操作时会激发相应的事件。窗体被显示时会激发 Load 事件；按下鼠标会激发 MouseDown 事件；松开鼠标会激发 MouseUp 事件；单击鼠标会激发 Click 事件；在窗体上双击鼠标会激发 DblClick 事件；移动鼠标会激发 MouseMove 事件；按下键盘键会激发 KeyDown 事件；松开键盘键会激发 KeyUp 事件；按下或松开键盘键都会激发 KeyPress 事件。如例 6-1 中，便是通过 Click 事件、DblClick 事件来实现多变的窗体。

6.1.2 控件基本操作

用 Visual Basic 6.0 设计用户界面时，随着程序功能的增强，界面上的控件不断增多，如何调整和编辑控件，便是首先要考虑的问题。因此，在熟练使用控件进行界面设计之前，有必要先了解一下控件的一些基本操作。

(1) 控件添加。

工具箱中列出来的控件是 Visual Basic 6.0 中最常用的控件，向窗体中添加控件可按以下两种方式来完成。

- 在工具箱中，双击对应的控件图标。
- 在工具箱中，单击对应的控件图标，然后将鼠标指针移到窗体上，这时鼠标指

针变为"+"字形，在窗体上按住鼠标左键并拖曳，在拖曳到一定范围后，松
　　开鼠标左键。

　　(2)　控件编辑。

　　向窗体中添加控件后，为了得到完美的程序界面，还需对控件的大小和位置进行调整。
在窗体上选中控件后，按住鼠标左键并拖曳，便可以调整控件位置；将鼠标指针移到控件周
围的蓝色小方框上，按住鼠标左键并拖曳，便可以调整控件大小。除了可以通过鼠标改变控
件位置和大小之外，在选中控件之后，按住 Shift 键，然后按 4 个方向键，可以改变控件的
大小；按住 Ctrl 键，然后按 4 个方向键，可以调整控件位置。

【例6-2】　熟悉控件操作。

　　【操作步骤】

1.　新建一个标准工程。

2.　在工具箱中双击标签控件**A**，系统自动在窗体中央添加一个标签控件。

3.　在工具箱中双击命令按钮控件▅，然后按住鼠标左键，在标签控件的下方拖曳鼠标，
　　便向窗体中添加了一个命令按钮控件。（说明：鼠标的位置及拖曳的范围由读者自己控
　　制。以后如果没有特别说明，控件大小和位置由读者自己把握。）

4.　以同样方式向窗体中添加两个命令按钮。（注意：不要让 3 个命令按钮重叠，按钮之间
　　有一定的间距，并且尽量保证 3 个命令按钮在同一水平线上。）

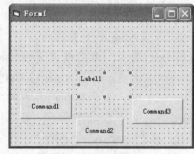

图6-4　被选中的控件

5.　在窗体上选中标签控件，此时标签控件的周围出
　　现 6 个蓝色的小方框，如图 6-4 所示，然后在标签
　　控件上按住鼠标左键并拖曳，便可以看到标签控
　　件随着鼠标一起移动。

6.　在窗体上选中标签控件，将鼠标指针移到蓝色小
　　方框上，这时鼠标指针变为箭头形状，如图 6-5 所
　　示，按住鼠标左键并拖曳，这时标签控件的宽度
　　发生了改变。

7.　在窗体上单击一个命令按钮控件，然后按住 Shift
　　键，再依次单击其他两个命令按钮，同时选中 3 个命令按钮控件，如图 6-6 所示。

8.　选择【格式】/【统一尺寸】/【两者都相同】命令，让 3 个命令按钮的高度和宽度都相同。

9.　选择【格式】/【对齐】/【顶端对齐】命令，让 3 个命令按钮顶端对齐。

10.　选择【格式】/【水平间距】/【相同间距】命令，让 3 个命令按钮水平间距相等，调整
　　后的窗体如图 6-7 所示。

图6-5　调整大小的控件

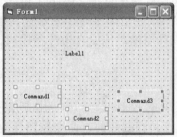

图6-6　同时被选中的控件

图6-7　调整后的窗体

11.　保存工程，退出 Visual Basic 6.0。

为了便于对多个控件进行编辑，Visual Basic 6.0 提供了【格式】菜单。灵活选择【格式】菜单中的命令，可以同时调整多个控件的位置和大小，以及控件之间的间距。但在使用【格式】菜单中的子菜单时，必须同时选中两个或两个以上的控件，具体方法是：先单击一个控件，然后按住 Shift 键，再单击其他控件。如例 6-2 中的第 7~10 步。

6.1.3 标签控件

标签控件 **A** 主要是用来显示文本，但用户不能编辑所显示的文本，常用来说明或标识其他不具有【Caption】属性的控件，如文本框控件、列表框控件和组合框控件。其所显示的文本是通过【Caption】属性来设置的。

除了【名称】、【Caption】、【BackColor】、【Top】、【Left】等共有属性外，标签控件还有以下常用属性。

① 【AutoSize】属性。

- 功能：返回或设置标签是否自动改变大小以显示全部的内容。
- 说明：【AutoSize】属性有两个取值（True 或 False）。当属性值为 True 时，表示自动改变标签控件的大小以便显示全部的文本内容；当属性值为 False 时（默认值），表示不调整标签控件的大小，控件的大小保持不变，超出控件范围的内容不被显示。

② 【Alignment】属性。

- 功能：返回或设置标签控件中文本的对齐方式。
- 说明：【Alignment】属性有 3 个取值（0、1 或 2）。当属性值为 0（默认值）时，表示标签控件中的文本左对齐显示；当属性值为 1 时，表示标签控件中的文本右对齐显示；当属性值为 2 时，表示标签控件中的文本居中显示。

③ 【BackStyle】属性。

- 功能：返回或设置标签控件是否透明。
- 说明：【BackStyle】属性有两个取值（0 或 1）。当属性值为 0 时，表示标签控件透明，此时【BackColor】属性无效；当属性值为 1 时（默认值），表示标签控件不透明，此时【BackColor】属性才有效。

④ 【BorderStyle】属性。

- 功能：返回或设置标签控件的边框样式。
- 说明：【BorderStyle】属性有两个取值（0 或 1）。当属性值为 0 时（默认值），表示标签控件无边框；当属性值为 1 时，表示标签控件有固定的单线边框。

由于标签控件主要是起标识作用的，因此在设计程序时，很少为其添加事件。

6.1.4 命令按钮控件

命令按钮控件 ▭ 是最常用的控件之一，常用于发布执行命令。除了【名称】、【BackColor】、【Top】、【Left】等共有属性外，命令按钮还有以下常用属性。

① 【Caption】属性。

- 功能：返回或设置命令按钮上所显示的文本。

- 说明：利用该属性还可以为命令按钮添加访问键。如果某个字母被定义成访问键时，用户便可以直接通过按 $\boxed{\text{Alt}}$ 键 + 该字母键来访问命令按钮。在设置【Caption】属性时，在要定义为访问键的字母前加上符号 "&"，便可以将该字母设为访问键。例如，如果将命令按钮的【Caption】属性设为了 "取消（&C）"，则可以通过按 $\boxed{\text{Alt}}$ + $\boxed{\text{C}}$ 组合键来直接访问命令按钮。

② 【Style】属性。

- 功能：返回或设置命令按钮控件的外观样式。
- 说明：【Style】属性有两个取值（0 或 1）。当属性值为 0（默认值）时，表示以标准样式显示命令按钮，按钮上不能显示图片；当属性值为 1 时，表示以图形样式显示命令按钮，此时可在命令按钮上显示图片。

　　Click 事件是命令按钮中最常用的事件，在窗体上双击命令按钮便可以为命令按钮添加 Click 事件。命令按钮除了可以响应 Click 事件之外，还可以响应键盘、鼠标等公共事件，但命令按钮不支持 DblClick 事件。

【例6-3】　标签控件、命令按钮控件的使用。

【操作步骤】

1. 打开例 6-2 所建的工程，单击【工程】面板中的查看对象按钮，将窗体置于最上层。如果查看对象按钮为灰色，则需先单击切换文件夹按钮，打开工程资源，然后再单击窗体 Form1 图标，此时查看对象按钮变为可用。
2. 在窗体上单击标签控件，选中标签控件。将【名称】属性设为 "lblText"，【Alignment】属性设为 "2-Center"，【AutoSize】属性设为 "True"，【BorderStyle】属性设为 "1-Fixed Single"，【Caption】属性设为 "欢迎使用 Visual Basic 6.0"。
3. 在窗体上单击命令按钮 "Command1"，选中该命令按钮。将【名称】属性设为 "cmdLarge"，【Caption】属性设为 "放大(&L)"。
4. 在窗体上选中命令按钮 "Command2"，将【名称】属性设为 "cmdSmall"，【Caption】属性设为 "缩小(&S)"。
5. 在窗体上选中命令按钮 "Command3"，将【名称】属性设为 "cmdQuit"，【Caption】属性设为 "退出(&Q)"。调整后的窗体如图 6-8 所示。

图6-8　调整后的窗体

6. 单击【工程】面板中的查看代码按钮，打开代码窗口，在代码窗口输入如下代码：

```
Option Explicit
Dim a As Integer '用于存放字体的初始大小
```

7. 单击对象列表框右端的箭头，打开对象下拉列表，然后选择【Form1】选项，为窗体添加默认的 Load 事件，并在事件中添加如下代码：

```
Private Sub Form_Load()
'初始状态，缩小命令按钮不可用
a = lblText.FontSize
```

```
cmdSmall.Enabled = False
End Sub
```

8. 单击【工程】面板中的查看对象按钮，返回到主窗体。

9. 双击 放大(L) 按钮，这时窗口自动切换到代码窗口，并为命令按钮"cmdLarge"添加
   Click 事件，在 Click 事件中添加如下代码：

```
Private Sub cmdLarge_Click()
'单击放大按钮一次，标签控件中字体就变大一次
lblText.FontSize = lblText.FontSize + 5
'当字体大到超出窗体的范围，便不能在放大，即"放大"命令按钮不可用
If lblText.Left < 0 Then
   cmdLarge.Enabled = False
End If
'只要字体被放大过，"缩小"命令按钮可用
cmdSmall.Enabled = True
End Sub
```

10. 以同样方式为另外两个命令按钮添加 Click 事件，并在对应事件中添加如下代码：

```
Private Sub cmdQuit_Click()
'退出程序
Unload Form1
End Sub

Private Sub cmdSmall_Click()
'单击"放大"按钮一次，标签控件中字体就变大一次
lblText.FontSize = lblText.FontSize - 5
'当字体小到初始大小后，便不能在缩小，即"缩小"命令按钮不可用
If lblText.FontSize <= a Then
   cmdSmall.Enabled = False
End If
'只要字体被缩小过，"放大"命令按钮可用
cmdLarge.Enabled = True
End Sub
```

11. 保存工程，单击工具栏上的 ▶ 按钮，运行程序，窗体如图6-9所示。

12. 单击 放大(L) 按钮，标签控件中汉字变大， 缩小(S) 按
    钮变为可用；不断单击 放大(L) 按钮，汉字不断被放
    大，当标签控件超出窗体范围，汉字不能再被放
    大时， 放大(L) 按钮为不可用。

13. 单击 缩小(S) 按钮，汉字被缩小。当汉字被缩小到原
    始大小时，不能再被缩小， 缩小(S) 按钮为不可用。

14. 单击 退出(Q) 按钮，直接退出工程。

图6-9 【例6-3】显示结果

① 在设置命令按钮控件的【Caption】属性时，如果在字母前加上符号"&"，便可以将该字母作为命令按钮控件的访问键。例如，在程序运行时，如果直接按 Alt + L 组合键，便可以让焦点落在 放大(L) 按钮上，即可以直接接收键盘的输入，按 Enter 键，便可以放大字体。

② Click 事件是命令按钮控件中最常用事件，在程序运行时，单击命令按钮，便可以激发 Click 事件。如例 6-3 中，单击 放大(L) 或 缩小(S) 按钮，便可以实现文字的放大或缩小。

6.1.5 文本框控件

文本框控件是标准控件中最常用的输入控件，其在工具箱中的图标为 abl，主要用于建立文本的输入或编辑区，以实现数据的输入、编辑、显示等。除了常用的共有属性之外，文本框还有一些自己特有的属性。

①【MultiLine】属性。

- 功能：返回或设置文本框控件是否允许多行输入或显示。

- 说明：【MultiLine】属性有两个取值（True 或 False）。当属性值为 True 时，表示允许多行输入或显示；当属性值为 False 时（默认值），表示不允许多行输入或显示，所有的字符都显示在一行中。

②【ScrollBars】属性。

- 功能：返回或设置文本框控件是否有水平滚动条或垂直滚动条。

- 说明：【ScrollBars】属性只有在【MultiLine】属性为 True 时才有效，共有 4 个取值（0、1、2 或 3）。当属性值为 0（默认值）时，表示不添加任何滚动条；当属性值为 1 时，表示添加水平滚动条；当属性值为 2 时，表示添加垂直滚动条；当属性值为 3 时，表示同时增加水平和垂直滚动条。

③【Text】属性。

- 功能：返回或设置文本框控件中的文本。

- 说明：文本框控件无【Caption】属性，文本框中所显示的内容是通过【Text】属性来获取的。

④【MaxLength】属性。

- 功能：返回或设置文本框控件中输入的最大字符量。

- 说明：【MaxLength】属性值为整型数值，其默认值为 0，表示不限制输入的字符数，用户可以随意地输入字符。当属性值为非 0 的整数时，则用户所输入的字符数便有限制，不能超出所设定的值，超出的字符将被删除。

⑤【PasswordChar】属性。

- 功能：返回或设置替代符。

- 说明：设置该属性，所输入的字符将被所设置的符号所代替。例如，如果将【PasswordChar】属性设为"*"，则在文本框中所输入的字符都将被符号"*"所代替。

⑥【SelLength】属性、【SelStart】属性和【SelText】属性。

- 功能：这 3 个属性用于对文本内容进行选定等操作。其中【SelLength】属性返回或设置所选择的字符数；【SelStart】属性返回或设置选定文本的起始点，如

果无选定的文本，则指出插入点的位置；【SelText】属性返回或设置当前被选
定的字符，如果无选定字符，则返回空字符串。

- 说明：这 3 个属性不显示在【属性】面板中，要设置这 3 个属性必须用代码来
  完成，具体语法结构如下：

```
文本框控件名.SelLength=长度值
文本框控件名.SelStart=位置值
文本框控件名.SelText=字符串
```

Change 事件是文本框最常用的事件，当文本框中的内容发生改变时，便会激发该事
件。除了 Change 事件之外，文本框还可以响应鼠标事件、键盘事件等共有事件。

【例6-4】 登录程序设计。

设计如图 6-10 所示的登录界面，当输入的用户名不存在时，弹出如图 6-11 所示的提示
框；当输入的用户名和密码一致时，登录成功，弹出如图 6-12 所示的提示框；当输入用户
名和密码不一致时，弹出如图 6-13 所示的提示框。

图6-10 登录程序界面

图6-11 用户不存在提示框

图6-12 登录成功提示框

图6-13 错误提示框

【操作步骤】

1. 新建一个标准工程。
2. 向窗体中添加两个标签控件、两个文本框控件、两个命令按钮控件，并调整各个控件
   的位置至如图 6-14 所示。(提示：选择【格式】菜单中的【对齐】或【统一尺寸】命令
   调整控件位置。)
3. 按表 6-2 设置修改各个控件的属性，设置控件属性后的窗体如图 6-15 所示。

图6-14 调整后的窗体

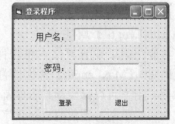
图6-15 设置控件属性后的窗体

表 6-2　　　　　　　　　　　　　　　　　控件属性

控件	属性	属性值	控件	属性	属性值
标签控件 Label1	【名称】	lblName	命令按钮控件 Command2	【名称】	cmdQuit
	【Alignment】	1-Right Justify		【Caption】	退出
	【AutoSize】	True	文本框控件 Text1	【名称】	txtName
	【Caption】	用户名		【Text】	空

控件	属性	属性值	控件	属性	属性值
标签控件 Label2	【名称】	lblPass	文本框控件 Text2	【名称】	txtPass
	【Alignment】	1-Right Justify		【MaxLength】	10
	【AutoSize】	True		【PasswordChar】	*
	【Caption】	密码		【Text】	空
命令按钮控件 Command1	【名称】	cmdOk	窗体 Form1	【名称】	frmLogin
	【Caption】	登录		【Caption】	登录程序

4. 双击窗体空白处，为窗体添加 Load 事件。
5. 单击【工程】面板中的查看对象按钮，返回到主窗体。
6. 在窗体上双击【用户名】文本框控件，为其添加 Change 事件。
7. 以同样方式为两个命令按钮添加 Click 事件。
8. 单击【工程】面板的查看代码按钮，打开代码窗口。单击对象列表框右端的箭头，打开对象下拉列表，选择【txtName】选项；单击过程列表框右端的箭头，打开过程下拉列表，选择【LostFocus】选项，为文本框 "txtName" 添加 LostFocus 事件。
9. 为各个事件添加如下响应代码：

```
Option Explicit
Private Sub cmdOk_Click()
'验证用户名和密码
If txtName.Text = "admin" And txtPass.Text = "12345" Then
    MsgBox "用户和密码正确！", vbOKOnly, "确认"
ElseIf txtName <> "admin" Then
    MsgBox "用户不存在，请重新输入！", vbOKOnly + vbInformation, "确认"
Else
    MsgBox "用户或密码不正确，请重新输入", vbOKOnly + vbCritical, "确认"
    txtName.Text = ""
    txtPass.Text = ""
End If
End Sub

Private Sub cmdQuit_Click()
'退出程序
    Unload frmLogin
End Sub
Private Sub Form_Load()
cmdOk.Enabled = False '输入用户名后才能登录
End Sub

Private Sub txtName_Change()
```

```
cmdOk.Enabled = True
End Sub
```

10. 保存工程，单击工具栏上的 ▶ 按钮，运行程序，弹出如图 6-10 所示的登录界面，<u>登录</u> 按钮不可用。在【用户名】文本框中输入 "admin"，<u>登录</u> 按钮变为可用；在【密码】文本框中输入 "12345"，此时密码以符号 "*****" 表示，不可见，单击 <u>登录</u> 按钮，弹出如图 6-12 所示的提示框；如果输入的密码错误，将弹出如图 6-13 所示的提示框。

11. 单击 <u>退出@</u> 按钮，直接退出程序。

【知识链接】

（1）为文本框设置【PasswordChar】属性后，在文本框中输入的字符将被所设置的符号所代替。在实际应用中，该属性主要用来设置密码。如例 6-4 中，密码的输入便是通过将【PasswordChar】属性设为 "*" 实现的。

（2）文本框中内容可以是单行或者多行，当为单行时（默认情况），即【MutiLine】属性为 False，文本框中不允许换行；当为多行时，即【MutiLine】属性为 True，文本框中允许换行。无论是单行还是多行，文本框中的内容都是通过【Text】属性返回或设置的。

（3）Change 事件是文本框最常用的事件，当在文本框中输入内容时，便会激发该事件。如例 6-4 中，<u>登录</u> 按钮变为可用便是通过 Change 事件实现的。LostFocus 事件（焦点事件之一）也是文本框能响应的事件，当输入的光标不在文本框上，即文本框失去输入的焦点时，便会激发该事件。与之对应的还有 GetFocus 事件，当输入的光标落在文本框中，即文本框得到输入的焦点时，便会激发 GetFocus 事件。如例 6-4 中，对用户名存在性的判断，便是在用户名文本框失去输入焦点后完成的，即通过 LostFocus 事件实现的。

6.1.6 单选按钮控件

单选按钮控件主要用于选择项的输入，在工具箱中的图标为 _⊙，常成组出现。在一组单选按钮中，用户只能选中其中的一个单选按钮。单击某个单选按钮，则该单选按钮被选中 ⊙；单击其他单选按钮，则该按钮不被选中 ○。

单选按钮控件上所显示的文本是由【Caption】属性来设置的，所处的状态是由【Value】属性来获得的。【Value】属性主要用于设置或返回单选按钮控件的状态，其有两个取值（True 或 False）。【Value】属性取 True 时，表示单选按钮控件被选中；【Value】属性取 False 时，表示单选按钮控件未被选中。

Click 事件是单选按钮控件最常用的事件，单击单选按钮便会激发该事件，除了 Click 事件之外，单选按钮控件还可以响应鼠标（MouseDown、MouseUp、MouseMove）、键盘（KeyPress、KeyDown、KeyUp）以及焦点（LostFocus、GetFocus）等事件。

【例6-5】 进制转换。

【操作步骤】

1. 新建一个标准工程。
2. 向窗体中添加两个标签控件、两个文本框控件、3 个单选按钮控件，并调整各个控件的位置至如图 6-16 所示。
3. 按表 6-3 设置修改各个控件的属性，属性修改完毕后，窗体如图 6-17 所示。

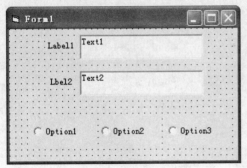

图6-16　调整后的窗体	图6-17　设置控件属性后的窗体

表 6-3　　　　　　　　　　　　　　　　　　　控件属性

控件	属性	属性值	控件	属性	属性值
标签控件 Label1	【名称】	lblInput	文本框控件 Text2	【名称】	txtNumb
	【Alignment】	1-Right Justify		【MaxLength】	空
	【AutoSize】	True	单选按钮控件 Option1	【名称】	optBin
	【Caption】	十进制		【Caption】	二进制
标签控件 Label2	【名称】	lblNumb	单选按钮控件 Option2	【名称】	optOct
	【Alignment】	1-Right Justify		【Caption】	八进制
	【AutoSize】	True	单选按钮控件 Option3	【名称】	optHex
	【Caption】	进制转换后：		【Caption】	十六进制
文本框控件 Text1	【名称】	txtInput			
	【Text】	空			

4. 在窗体上单击【二进制】单选按钮，为其添加 Click 事件。
5. 单击【工程】面板中的查看对象按钮，返回到主窗体。
6. 以同样方式为另外两个单选按钮控件添加 Click 事件，为文本框控件添加 Change 事件。
7. 为各个事件添加如下响应代码：

```
Option Explicit
Dim numb As Integer
Private Sub optBin_Click()
Dim num As Integer
num = numb
txtnumb.Text = ""
'按常规方法将十进制转换为二进制
Do While num > 0
txtnumb.Text = num Mod 2 & txtnumb.Text
num = num \ 2
Loop
```

```
End Sub

Private Sub optHex_Click()
'十进制转十六进制
txtnumb.Text = Hex(numb)
End Sub

Private Sub optOct_Click()
'十进制转八进制
txtnumb.Text = Oct(numb)
End Sub

Private Sub txtInput_Change()
'没有数值输入，则不选择任何单选按钮
If txtInput.Text = "" Then
    optBin.Value = False
    optOct.Value = False
    optHex.Value = False
    txtnumb.Text = ""
Else
 numb = Val(txtInput.Text)
End If
End Sub
```

8. 保存工程，单击工具栏上的 ▶ 按钮，运行程序。在【十进制】文本框中输入十进制数值，然后单击下面任意一个单选按钮，在【进制转换后】文本框中显示对应的转制后的数值，如图 6-18 所示。

9. 单击工具栏上的 ■ 按钮，停止程序。

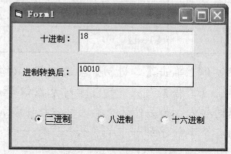

图6-18 【例6-5】显示结果

　① 在窗体上添加多个单选按钮时，所有的单选按钮都将被作为一组，因此用户只能选中窗体上的一个单选按钮控件。如例 6-5 中，用户只能选中 3 个单选按钮中的一个。

　② 单选按钮的 Click 事件除了可以通过单击单选按钮来激发之外，将单选按钮控件的【Value】属性设为 True 也同样可以激发 Click 事件。单选按钮控件的【Value】属性并不显示在【属性】面板中，只能通过代码才能设置该属性。如例 6-5 中，各个按钮的状态即【Value】属性值便是直接通过代码来设置的。

说明

6.1.7　复选框控件

和单选按钮控件对应的便是复选框控件，在工具箱中对应的图标为 ☑，通过设置复选框控件，用户可以进行多项的选择。复选框通常也是成组出现的，在一组复选框中，用户可以选中多个复选框。单击复选框，则该复选框被选中 ☑。和单选按钮不同的是，单选按钮控件状态的改变是通过单击其他单选按钮来实现的，即某个单选按钮被选中后，不能通过再次单击该单选按钮来取消选中该按钮，而对于复选框控件，某个复选框被选中后，再次单击该复选框，则取消选中该复选框 ☐。

和单选按钮控件一样，复选框控件上所显示的文本由【Caption】属性来设定，复选框控件的状态由【Value】属性来返回或设置。【Value】属性有 3 个取值（0、1 或 2）。取 0 时，表示复选框控件没有被选中；取 1 时，表示复选框控件被选中；取 2 时，表示复选框控件不可用，此时复选框以灰色显示。

Click 事件是复选框控件最常用的事件，当复选框被选中或其【Value】值为 1 时，便会激发复选框的 Click 事件。除 Click 事件之外，复选框控件还可以响应鼠标（MouseDown、MouseUp、MouseMove）、键盘（KeyPress、KeyDown、KeyUp）以及焦点（LostFocus、GetFocus）等事件，但不支持 DblClick 事件。

【例6-6】　复选框的使用。

【操作步骤】

1. 新建一个标准工程。
2. 向窗体中添加两个标签控件、两个复选框控件，调整各个控件的位置至如图 6-19 所示。
3. 按表 6-4 修改各个控件的属性，属性修改完毕后，窗体如图 6-20 所示。

表 6-4　　　　　　　　　　　　控件属性

控件	属性	属性值	控件	属性	属性值
标签控件 Label1	【名称】	lblTime	复选框控件 Check1	【名称】	chkTime
	【AutoSize】	True		【Caption】	显示当前时间
	【Caption】	当前时间	复选框控件 Check2	【名称】	chkDate
标签控件 Label2	【名称】	lblDate		【Caption】	显示当前日期
	【AutoSize】	True			
	【Caption】	当前日期			

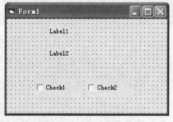

图6-19　调整后的窗体

图6-20　设置控件属性后的窗体

4. 在窗体上选中【当前时间】复选框，为其添加 Click 事件。

5. 单击【工程】面板中的查看对象按钮，返回到主窗体。

6. 以同样方式为另外一个复选框添加 Click 事件，为窗体添加 Load 事件。

7. 为各个事件添加如下响应代码：

```
Option Explicit
Private Sub chkDate_Click()
'选中"显示当前日期"复选框，便显示当前日期，否则隐藏当前日期
lblDate.Visible = chkDate.Value
lblDate.Caption = "当前日期：" & Date
End Sub

Private Sub chkTime_Click()
'选中"显示当前时间"复选框，便显示当前时间，否则隐藏当前时间
lblTime.Visible = chkTime.Value
lblTime.Caption = "当前时间：" & Time
End Sub

Private Sub Form_Load()
'当前时间、当前日期不可见
lblTime.Visible = False
lblDate.Visible = False
chkTime.Value=1
End Sub
```

8. 保存工程，单击工具栏上的 ▶ 按钮，运行程序，窗体如图 6-21 所示。同时选中复选框【显示当前日期】和【显示当前时间】，窗体上显示当前日期和当前日期，如图 6-22 所示。

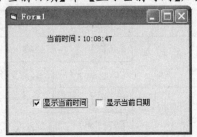

图6-21 显示时间的窗体

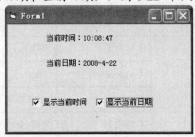

图6-22 显示时间和日期的窗体

9. 单击工具栏上的 ■ 按钮，停止程序。

① 和单选按钮一样，复选框的【Value】属性并不显示在【属性】面板中，只能通过代码才能设置该属性。

② Click 事件是复选框控件中最常用事件，单击复选框控件便会激发该事件，将复选框控件的【Value】属性设为 1 也同样可以激发 Click 事件。如例 6-6 中，在窗体的 Load 事件中，将【显示当前时间】复选框的【Value】属性设为 1，因此程序运行时，窗体上显示当前时间，如图 6-21 所示。

③ Time、Date 函数分别用于获取系统当前时间、当前日期。

说明

6.1.8　框架控件

在窗体上添加多个单选按钮后，所有单选按钮都将被看做一组，用户只能选择其中一个单选按钮。如果想选中多个单选按钮，可使用框架控件将单选按钮分组。和窗体一样，框架控件为容器类控件，在工具箱中的图标为，可向框架控件中添加控件。除了可以盛装控件之外，框架控件常用来起标识的作用，所标识的文本是通过【Caption】属性来设置的。

除了【Caption】、【Font】等共有属性外，【BorderStyle】属性也是框架控件的常用属性，其功能如下。

- 功能：返回或设置框架控件的边框样式。
- 说明：【BorderStyle】属性有两个取值（0 或 1）。当属性值为 0 时（默认值），表示框架控件无边框；当属性值为 1 时，表示框架控件有固定的单线边框。

由于框架控件主要是起标识分组的作用，因此在设计程序时，很少为其添加事件。

【例6-7】　简单选课程序。

【操作步骤】

1. 新建一个标准工程。
2. 向窗体中添加 4 个框架控件，并调整各个控件的位置至如图 6-23 所示。
3. 在工具箱中双击标签控件 A，然后将鼠标指针移到框架 Frame1 中，按住鼠标左键，在框架上拖曳鼠标，在适当位置松开鼠标，向框架 Frame1 中添加一个标签控件。

注意：按下鼠标的位置不要超出框架的范围。

4. 以同样方式向框架 Frame1 中添加一个文本框控件。
5. 单击框架 Frame1，然后按 Delete 键，删除框架控件，标签控件和文本框控件也被删除。
6. 选择【编辑】/【撤销删除】命令，撤销删除框架 Frame1。
7. 在工具箱中单击单选按钮控件，然后将鼠标指针移到框架 Frame2 中，按住鼠标左键，在框架上拖曳鼠标，在适当位置松开鼠标（注意按下鼠标的位置不要超出框架的范围），向框架 Frame2 中添加一个单选按钮控件。
8. 以同样方式向框架 Frame2 中添加一个单选按钮控件。
9. 以同样方式向框架 Frame3 中添加 3 个单选按钮控件。
10. 以同样方式向框架 Frame4 中添加 6 个复选框控件，调整各个控件位置至如图 6-24 所示。
11. 按表 6-5 设置各个控件的属性。

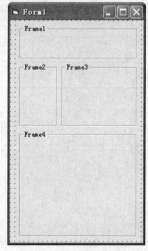

图6-23　添加框架后的窗体

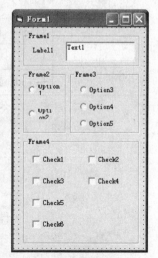

图6-24　调整后的窗体

12. 在窗体上单击单选按钮【中职一年级】，为其添加 Click 事件。

13. 单击【工程】面板中的查看对象按钮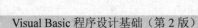，返回到主窗体。

14. 以同样方式为单选按钮【中职二年级】、【中职三年级】添加 Click 事件，为窗体添加
    Load 事件。

表 6-5 控件属性

控件	属性	属性值	控件	属性	属性值
框架控件 Frame1	【名称】	fraName	单选按钮控件 Option4	【名称】	optGrade2
	【Caption】	姓名		【Caption】	中职二年级
框架控件 Frame2	【名称】	fraFemale	单选按钮控件 Option5	【名称】	optGrade3
	【Caption】	性别		【Caption】	中职三年级
框架控件 Frame3	【名称】	fraGrade	复选框控件 Check1	【名称】	chkClass1
	【Caption】	年级		【Caption】	数学
框架控件 Frame4	【名称】	fraClass	复选框控件 Check2	【名称】	chkClass2
	【Caption】	课程		【Caption】	英语
标签控件 Label1	【名称】	lblName	复选框控件 Check3	【名称】	chkClass3
	【AutoSize】	True		【Caption】	计算机基础
	【Caption】	姓名：	复选框控件 Check4	【名称】	chkClass4
单选按钮控件 Option1	【名称】	optMan		【Caption】	网络基础
	【Caption】	男	复选框控件 Check5	【名称】	chkClass5
单选按钮控件 Option2	【名称】	optGirl		【Caption】	Visual Basic 6.0
	【Caption】	女	复选框控件 Check6	【名称】	chkClass6
单选按钮控件 Option3	【名称】	optGrade1		【Caption】	AutoCAD2000
	【Caption】	中职一年级			

15. 在代码窗口中添加如下响应代码：

```
Option Explicit

Private Sub optGrade1_Click()
'一年级只能选择数学和英语
chkClass1.Value = 0
chkClass2.Value = 0
chkClass3.Enabled = False
chkClass4.Enabled = False
chkClass5.Enabled = False
chkClass6.Enabled = False
End Sub
```

```
Private Sub optGrade2_Click()
'二年级已学数学和英语，但只能选择计算机基础和网络基础
chkClass1.Value = 2
chkClass2.Value = 2
chkClass3.Enabled = True
chkClass4.Enabled = True
chkClass3.Value = 0
chkClass4.Value = 0
chkClass5.Enabled = False
chkClass6.Enabled = False
End Sub

Private Sub optGrade3_Click()
'三年级前四门课已学，但只能选择最后两门课
chkClass1.Value = 2
chkClass2.Value = 2
chkClass3.Value = 2
chkClass4.Value = 2
chkClass5.Enabled = True
chkClass6.Enabled = True
End Sub
```

16. 保存工程，单击工具栏上的 ▶ 按钮，运行程序。在窗体中单击【性别】栏中的单选按钮【男】或【女】，然后在【年级】栏中单击单选按钮【中职一年级】，同样可被选中。【课程】栏中只有【数学】和【英语】复选框可选，如图 6-25 所示。单击【年级】栏中的其他单选按钮，对应在【课程】栏中的可选课程各不一样。

17. 单击工具栏上的 ■ 按钮，停止程序。

图6-25　【例 6-7】显示结果

① 和窗体一样，框架也是一种容器类控件，可以向框架中添加其他控件，具体添加方法为：先在工具箱中单击控件，然后在框架上按住鼠标鼠标左键并拖曳，便可以向框架中添加控件，如例 6-7 中的第 3 步。如果按下鼠标的位置不在框架上，则是向窗体中添加控件。

② 向框架中添加控件之后，框架中的控件随着框架的移动而移动，如果框架被删除，则框架中的控件也被删除，如例 6-7 中的第 5 步。

说明

6.1.9 列表框控件

列表框以列表的形式向用户提供一系列选项，用户可以从中选择一个或多个选项，在工具箱中的图标为 ▦。用户在列表框中单击某一选项时，该项目便会以蓝色光条的形式显示，表示该项目被选中。当列表框中的项目超出了列表框所能显示的范围，系统便会自动在列表框中增加一个垂直滚动条，便于用户进行上下翻动，如图 6-26 所示。

除了共有属性之外，列表框控件还有自己特有的属性。

① 【List】属性。

- 功能：返回或设置列表框中某一列表项的内容。
- 说明：【List】属性是一个字符串类型的数组，列表框中所有的列表项都被保存在该数组中，因此要访问或设置列表框中的某一项时，必须按以下语法结构来访问：

> 列表框控件名.List(列表项的索引值) [=字符串表达式]

设置【List】属性时，每输入一个列表，按 Enter 键之后，才能输入下一个列表。

② 【ListCount】属性。

- 功能：返回列表框控件中所有项目的个数。
- 说明：【ListCount】属性不显示在【属性】面板中，用户只能通过代码来访问该属性，具体语法结构如下：

> [整型变量＝] 列表框控件名.ListCount

③ 【ListIndex】属性。

- 功能：返回或设置当前被选中列表项的索引值。
- 说明：【ListIndex】属性不显示在【属性】面板中，用户只能通过代码来访问或设置该属性，具体语法结构如下：

> 列表控件名.ListIndex[＝索引值]

④ 【Sorted】属性。

- 功能：返回或设置列表框控件的列表是否按字母升序来排列。
- 说明：【Sorted】属性有两个取值（True 或 False）。当属性值为 True 时，表示按字母升序排列列表项；当属性值为 False 时（默认值），表示按列表加入的顺序排列列表。

⑤ 【Style】属性。

- 功能：返回或设置列表框控件的样式。
- 说明：【Sorted】属性有两个取值（0－Standard 或 1－Checkbox）。当属性值为 0 时（默认值），表示以标准样式显示列表项，如图 6-27 所示；当属性值为 1 时，表示以复选框的样式显示列表项，如图 6-28 所示。

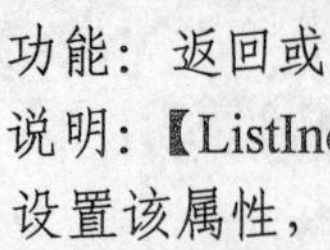

图6-26 带滚动条的列表框

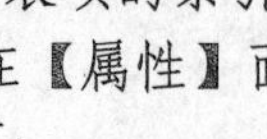

图6-27 标准样式列表框

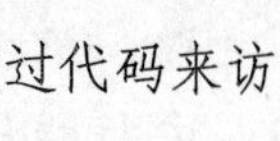

图6-28 复选框样式列表框

⑥ 【Text】属性。

- 功能：返回列表框控件中最后被选中的列表项。

- 说明：【Text】属性没有显示在【属性】面板中，用户只能通过代码来访问该属性，具体语法结构如下：

  [字符串变量]=列表框控件名.Text

⑦【MultiSelect】属性。

- 功能：设置用户是否可以在列表框控件中选择多个列表项。
- 说明：【MultiSelect】属性有 3 个取值（0、1 或 2）。当属性值为 0 时，表示只能选择一项；当属性值为 1 时，表示允许用户进行多项选择，在进行多项选择时，用户只需单击所要选择的各个项即可，如果某项已被选中，再单击该项时，该项将被取消；当属性值为 2 时，也表示允许用户进行多项选择，但用户在进行多项选择时，必须同时按住 Shift 键。同样，如果某项已被选中，再单击该项时，则该项被取消。

Click 事件是列表框控件中最常用的事件，在列表框中单击某个选项，便会激发 Click 事件。另外，DblClick（双击）事件也是列表框控件的常用事件。在列表框中双击某个选项，便会激发 DblClick 事件。

【例6-8】 文件快速执行。

【操作步骤】

1. 新建一个标准工程。
2. 向窗体中添加 2 个列表框控件，3 个命令按钮控件，并调整各个控件的位置至如图 6-29 所示。
3. 在窗体上选中列表框控件"List1"，将其【名称】属性设为"lstSoft"。
4. 在【属性】面板中，选择【List】属性，打开下拉列表，输入"画图"，按 Enter 键结束，这样就添加了【画图】列表项。按照同样的方法再为列表框控件"List1"添加【播放器】和【计算器】两个列表项。

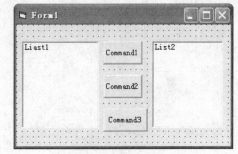

图6-29 调整后的窗体

5. 按表 6-6 设置其他各控件的属性。

表 6-6 控件属性

控件	属性	属性值	控件	属性	属性值
命令按钮控件 Command1	【名称】	cmdAdd	命令按钮控件 Command3	【名称】	cmdRun
	【Caption】	->		【Caption】	运行
命令按钮控件 Command2	【名称】	cmdRemove	列表框控件控件 List2	【名称】	lstRun
	【Caption】	<-		【List】	空

6. 在窗体上单击右边的列表框控件，为其添加 Click 事件。
7. 单击【工程】面板中的查看对象按钮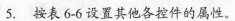，返回到主窗体。
8. 以同样方式为左边列表框控件添加 Click 事件，为 3 个命令按钮添加 Click 事件。

9. 单击【工程】面板的查看代码按钮，打开代码窗口。单击对象列表框右端的箭头，打开对象下拉列表，选择【lstRun】选项；单击过程列表框右端的箭头，打开过程列表，选择【DblClick】选项，为列表框控件"lstRun"添加 DblClick 事件。

10. 以同样方式为列表框控件"lblSoft"添加 DblClick 事件。

11. 在代码窗口中添加如下响应代码：

```
Option Explicit
Dim i As Integer '用于存放列表框中已添加的项目数
Dim j As Integer '用于记录单击列表项的索引值
Dim soft As String '用于存放被单击列表项的文本内容

Private Sub cmdAdd_Click()
'向列表框中添加列表项
 lstRun.AddItem lstSoft.Text, i
 i = i + 1
End Sub

Private Sub cmdRemove_Click()
'移除当前选中项
lstRun.RemoveItem j
i=i-1
End Sub

Private Sub cmdRun_Click()
'根据选中列表项的不同，运行不同的程序
Select Case soft
    Case "画图"
        Shell "mspaint.exe", 1
    Case "计算器"
        Shell "calc.exe", 1
    Case "播放器"
        Shell "mplay32.exe", 1
End Select
End Sub

Private Sub lstRun_Click()
'记录下当前被选中项的索引值
j = lstRun.ListIndex
'记录下当前被选中项的文本内容
soft = lstRun.Text
End Sub

Private Sub lstRun_DblClick()
'双击直接运行程序
```

```
cmdRun_Click
End Sub

Private Sub lstSoft_Click()
'记录下当前被选中项的文本内容
soft = lstSoft.Text
End Sub

Private Sub lstSoft_DblClick()
'双击直接运行程序
cmdRun_Click
End Sub
```

12. 保存工程，单击工具栏上的 ▶ 按钮，运行程序。在左边列表框中选中某个项目，然后单击 → 按钮，被选中项添加到右边的列表框中，如图 6-30 所示。

13. 在右边列表框中，选中某个列表项，然后单击 ← 按钮，被选中项被删除。

14. 在任意一个列表框中选中某一列表项，然后单击 运行 按钮，便可以直接运行对应的程序。例如，如果选中【画图】列表项，则直接打开画图板。直接在列表框中双击某一列表项，也同样可以运行对应的程序。

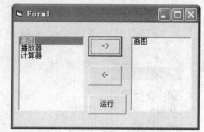

图6-30　【例 6-8】显示结果

15. 单击工具栏上的 ■ 按钮，停止程序。

【知识链接】

(1) 列表框中的列表项除了可以通过设置【List】属性来完成外，还可以使用 AddItem 方法向列表框中增加列表项，语法结构如下：

列表框控件名 AddItem 字符串变量或表达式，[索引值]

如果省略"索引值"，则列表项总是添加到列表框的最后；如果指定"索引值"，则在所指定的位置添加列表项，并将该位置以后的列表项都向后移动一个位置。如果想删除列表框中的列表项，则可以使用 RemoveItem 方法，具体语法结构如下：

列表框控件名.RemoveItem　列表项索引值

在例 6-8 中，第二个列表框中列表项的添加和删除便是通过 AddItem 方法、RemoveItem 方法完成的。清除全部列表项可以使用 Clear 方法，语法结构如下：

列表框控件名.Clear

(2) Shell 函数用于直接运行可执行的文件，即扩展名为.exe 的文件。

6.1.10　组合框控件

组合框控件以下拉列表或组合列表的形式，向用户提供一系列列表项，在工具箱中的图标为 ▤，它兼有列表框控件和文本框控件两者的功能。由于组合框控件具有列表框控件的功能，因此与列表有关的属性和列表框一样，包括【List】属性、【ListCount】属性、【ListIndex】属性。组合框控件虽也有【Text】属性和【Style】属性，但两者取值不一样。

①【Text】属性。

- 功能：返回或设置组合框被选中的列表项。
- 说明：如果列表项是在文本框中直接输入的，则【Text】属性返回的是在文本框中所输入的列表项；如果列表项是从列表框中选择的，则【Text】属性返回的是在列表框中所选定的列表项。

②【Style】属性。

- 功能：返回或设置组合框的样式。
- 说明：【Style】属性有以下 3 种取值（0、1 或 2）。该属性取 0 时（默认值），表示组合框的样式为组合下拉式，如图 6-31 所示，用户通常是看不到所有列表项的，只有通过单击右端的箭头才可以看到全部的列表项，在这种样式下用户既可以在文本框部分输入列表项，也可以在下拉列表框部分选择列表项；取 1 时，表示组合框的样式为组合式，如图 6-32 所示，用户既可以在文本框中输入列表项，也可以在列表框中选择列表项；取 2 时，表示组合框的样式为简单下拉式，如图 6-33 所示，在样式上和第 1 种样式没什么区别，但在此种样式下，用户不能在文本框中输入列表项。

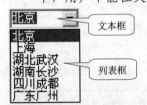
图6-31 组合下拉式组合框

图6-32 组合式组合框

图6-33 简单下拉式组合框

　　和列表框控件一样，组合框控件常用事件为 Click 事件，而其他能响应的事件与【Style】属性有关。当【Style】属性为 0 或 1 时，如果直接在文本框中输入列表项或通过代码设置了【Text】属性，则会激发 Change 事件；而当【Style】属性为 2 时，则不能响应 Change 事件；当【Style】属性为 1 时，如果在列表框中双击列表项，则会激发 DblClick 事件，而在另外两种样式下，组合框不能响应 DblClick 事件；当【Style】属性为 0 或 2 时，如果单击下拉箭头，则会激发 DropDown 事件，当【Style】属性为 1 时，不能响应该事件。

【例6-9】 籍贯统计程序。

【操作步骤】

1. 新建一个标准工程。
2. 向窗体中添加一个组合框控件和一个文本框控件，并调整各个控件的位置至如图 6-34 所示。
3. 将组合框的【名称】属性设为 "cboCity"，将文本框的【名称】属性设为 "txtCity"，【MultiLine】属性设为 "True"，【ScrollBar】属性设为 "2-Vertical"，删除【Text】属性中的 "Text1"。
4. 在窗体上双击组合框控件，为组合框添加 Click 事件。
5. 以同样方式为窗体添加 Load 事件，并在代码窗口中添加如下响应的代码：

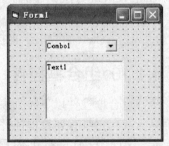
图6-34 调整后的窗体

```
Option Explicit
Dim city(10) As String '用于存放已经单击过的列表项

Private Sub cboCity_click()
Static i As Integer '用于记录单击列表项的次数
Dim j As Integer '循环变量
Dim a As Integer '用于判断列表项是否被单击过，单击过为1，否则为0
a = 0
'在单击过的城市寻找是否有相同的城市，即循环查找是否被单击过
For j = 0 To i
    If city(j) = cboCity.Text Then
        a = 1
        Exit For
    End If
Next
'如果没有被选择过，直接显示在文本框中
'如果已被选择，则不显示在文本框中
If a = 0 Then
    txtCity.Text = txtCity.Text + cboCity.Text + Chr(13) + Chr(10)
Else
    txtCity.Text = txtCity.Text
End If
'每单击一次组合框，将单击过的城市作为数组city的最后一个元素
city(i) = cboCity.Text
'单击一次，次数增1
i = i + 1
End Sub

Private Sub Form_Load()
'添加组合框中的列表项
cboCity.AddItem "请选择城市"
cboCity.AddItem "上海"
cboCity.AddItem "深圳"
cboCity.AddItem "广州"
cboCity.AddItem "成都"
cboCity.AddItem "长沙"
'默认显示的列表项
cboCity.ListIndex = 0
txtCity.Text = ""
End Sub
```

6. 保存工程，单击工具栏上的 ▶ 按钮，
运行程序。在组合框中选中某个城
市，该城市便会直接添加到文本框
中，如图 6-35 所示。如果该城市已被
选择过，则在文本框中不再添加该城
市。

7. 单击工具栏上的 ■ 按钮，停止程序。

图6-35 【例6-9】显示结果

> 和列表框一样，组合框控件中的列表项除了可以通过设置【List】属性来完成外，还可以使
> 用 AddItem 方法向列表框中添加；如果想删除组合框中的列表项，则可以使用 RemoveItem 方
> 法；要清除全部列表项，可以使用 Clear 方法。

6.1.11 滚动条控件

滚动条一般附在窗口的边上，用来滚动窗口，以方便查看数据。在 Visual Basic 6.0
中，除了这项功能之外，滚动条还常常用来进行数据的输入。Visual Basic 6.0 为用户提供
了两种样式的滚动条，一种为水平的，另一种为垂直的，如图 6-36 所示，工具箱中的图
标为 ◂▸（水平）或 ▴▾（垂直）。

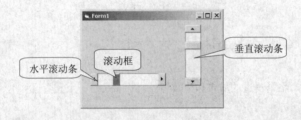

图6-36 两种样式的滚动条

除了共有属性，滚动条控件还有以下常用属性。

(1) 【Max】属性、【Min】属性。

- 功能：返回或设置滚动条所能表示的范围，【Max】属性用于设置最大值，
  【Min】属性用于设置最小值。
- 说明：【Max】属性表示的是当滚动框处于最右端或最下端时滚动条所对应的
  值；【Min】属性表示的是当滚动框处于最左端或最上端时滚动条所对应的值，
  并且一般的【Min】属性值不能大于【Max】属性值。

(2) 【SmallChange】属性、【LargeChange】属性。

- 功能：返回或设置滚动框每次滚动的值，即滚动框每次移动的距离。
- 说明：【SmallChange】属性用于设置滚动框每次移动的最小距离；
  【LargeChange】属性用于设置滚动框每次移动的最大距离。当单击滚动条两
  端的箭头时，滚动框便按【SmallChange】属性所设定的值滚动；当单击滚动
  条的空白处时，滚动框便按【LargeChange】属性所设定的值滚动。

(3) 【Value】属性。

- 功能：返回或设置滚动条所代表的值。

- 说明：当滚动条处于不同的位置时，所代表的值也不一样，具体所代表的值由【Value】属性返回。

　　滚动条的常用事件为 Scroll 事件和 Change 事件，其中 Scroll 事件为默认添加事件。当在滚动条上拖动滚动框时，便会激发 Scroll 事件，而滚动框的位置发生改变后便会激发 Change 事件。因此，可以用 Scroll 事件来跟踪滚动框的动态变化，用 Change 事件来得到滚动框的位置。

【例6-10】　简单调色板。

　　【操作步骤】

1. 新建一个标准工程。
2. 向窗体中添加一个水平滚动条控件，并将【名称】属性设为 "hsbColor"，【Max】属性设为 "255"，【SmallChange】属性设为 "10"，【LargeChange】属性设为 "20"。
3. 在窗体上双击水平滚动条控件，为其添加 Scroll 事件。
4. 单击过程列表框右端的箭头，打开过程下拉列表，选择【Change】选项，为水平滚动条控件添加 Change 事件。
5. 在代码窗口中添加如下响应的代码：

```
Option Explicit
Private Sub hsbColor_Change()
'拖动滚动条改变窗体的背景颜色
Form1.BackColor = RGB(hsbColor.Value, 0, 0)
End Sub

Private Sub hsbColor_Scroll()
'滚动条改变时窗体的背景颜色也改变
Form1.BackColor = RGB(hsbColor.Value, 0, 0)
End Sub
```

6. 保存工程，单击工具栏上的 ▶ 按钮，运行程序。在窗体上拖动滚动条或者单击滚动条两端的箭头，或者单击滚动条的空白处，窗体的颜色都会发生改变，如图 6-37 所示。

图6-37　改变颜色的窗体

7. 单击工具栏上的 ■ 按钮，停止程序。

　　当滚动条的滚动框处于最左端或最下端时，Value 的值为【Min】属性设定的最小值；当滚动条的滚动框处于最右端或最上端时，Value 的值为【Max】属性设定的最大值。处于其他位置，Value 值介于【Min】属性值和【Max】属性值之间。当单击滚动条两端的箭头时，Value 值按【SmallChange】属性所设定的值滚动；当单击滚动条的空白处时，Value 值按【LargeChange】属性所设定的值滚动。单击滚动条的空白处时，窗体颜色变化速度比单击滚动条两端的箭头要快。

6.1.12 定时器控件

定时器控件是专门用于计时的控件，它的大小是不可以改变的，并且在程序运行时是不可见的，在工具箱中的图标为 ⏱。使用定时器可以周期性地完成某项工作，利用这一点可以完成简单动画的设计。

定时器控件的属性只有 7 种，其中最为重要的属性是【Interval】（事件间隔）属性。【Interval】属性以 ms（即毫秒）为单位，它决定着每隔多长时间激发一次计时事件。一旦达到【Interval】属性所设定的时间（大于 0 的值），且定时器的【Enabled】属性为 True，系统便会自动激发 Timer 事件（它是定时器控件的唯一事件）。

【例6-11】 计时程序设计。

【操作步骤】

1. 新建一个标准工程。
2. 向窗体中添加一个标签控件、两个命令按钮控件和一个定时器控件，调整各个控件至如图 6-38 所示的位置。
3. 按表 6-7 设置各个控件的属性。

图6-38 调整后的窗体

表 6-7　　　　　　　　　　　控件属性

控件	属性	属性值	控件	属性	属性值
命令按钮控件 Command1	【名称】	cmdStart	标 签 控 件 Label1	【名称】	lblTime
	【Caption】	开始计时		【Caption】	00:00:00
命令按钮控件 Command2	【名称】	cmdStop		【AutoSize】	True
	【Caption】	清零		Alignment	2-Center

4. 在窗体上双击定时器控件，为其添加 Timer 事件。
5. 单击【工程】面板中的查看对象按钮 📄，返回到主窗体。
6. 在窗体上双击任意一个命令按钮，为其添加 Click 事件。
7. 以同样方式为另外一个命令按钮添加 Click 事件，并在代码窗口中添加如下代码：

```
Option Explicit
Dim hour As Integer '用于存放小时数
Dim min As Integer '用于存放分钟数
Dim sec As Integer '用于存放秒

Private Sub cmdStart_Click()
'单击"开始计时"按钮，开始计时，同时"开始计时"按钮变为"结束计时"按钮
If cmdStart.Caption = "开始计时" Then
    Timer1.Interval = 1000
    cmdStart.Caption = "结束计时"
    cmdStop.Enabled = False
'单击"结束计时"按钮，停止计时，同时"结束计时"按钮变为"开始计时"按钮
```

```
Else
    Timer1.Interval = 0
    cmdStart.Caption = "开始计时"
    cmdStop.Enabled = True
End If
End Sub

Private Sub cmdStop_Click()
'单击"清零"按钮，清除已计的时间
lblTime.Caption = "00:00:00"
sec = 0
min = 0
hour = 0
End Sub

Private Sub Timer1_Timer()
'计时程序便是通过定时将秒、分、小时加 1 实现的
sec = sec + 1
If sec >= 59 Then
'如果秒数满 59，则分钟数加 1，并且秒数又从 0 开始计
    min = min + 1
    sec = 0
    '如果分钟数满 59，则小时数加 1，并且秒数、分钟数又从 0 开始计
    If min > 59 Then
        hour = hour + 1
        min = 0
        sec = 0
    End If
End If
lblTime.Caption = Format(hour, "00") & ":" & Format(min, "00") _
                    & ":" & Format(sec, "00")
End Sub
```

8. 保存工程，单击工具栏上的 ▶ 按钮，
   运行程序。在窗体上单击 开始计时 按
   钮，开始计时，并且 开始计时 按钮变为
   结束计时 按钮，如图 6-39 所示。单击
   结束计时 按钮，停止计时；单击 清零
   按钮，计时的时间清零。

9. 单击工具栏上的 ■ 按钮，停止程序。

图6-39　【例 6-11】显示结果

① 由于定时器控件在程序运行时，是不可见的，它所能响应的唯一事件只能通过设置【Interval】属性来激发。如果【Interval】属性被设为 0，则定时器不起作用，因此也就不能激发定时器的 Timer 事件了。如例 6-11 中，计时开始和停止计时便是通过将【Interval】属性设为 1000 和 0 来实现的。

② 当定时器控件的【Enabled】属性被设为 False，即使【Interval】的值为大于 0 的值，Timer 事件也不会被激发；Timer 事件激发的条件为【Interval】值大于 0 且【Enabled】属性为 True。

说明

6.1.13 通用对话框控件

对于对话框，大家并不陌生，在前面已经接触过的输入对话框、消息对话框都是 Visual Basic 6.0 常用对话框。在 Visual Basic 6.0 中，对话框是一种特殊的窗体，它通过一个或多个简单的控件与用户交互，获取用户简单的输入信息或向用户提示有关信息。

除了输入对话框、消息对话框这两种预定义对话框之外，Visual Basic 6.0 还提供了 6 种通用对话框，即【打开】对话框、【另存为】对话框、【颜色】对话框、【字体】对话框、【打印】对话框、【帮助】对话框，这些对话框的调用都是通过通用对话框控件图来实现的。

通用对话框控件的属性与所代表的对话框的类型有关，并且通用对话框控件不能响应任何事件。在 6 种通用对话框中，【打开】对话框、【另存为】对话框、【颜色】对话框、【字体】对话框是最常用的 4 种对话框，这里只给出与这 4 种对话框有关的通用对话框控件属性。

(1) 【打开】对话框和【另存为】对话框。

【打开】对话框和【另存为】对话框分别如图 6-40、图 6-41 所示。

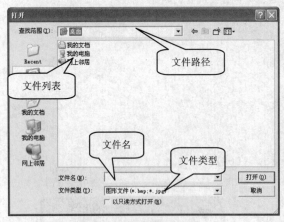 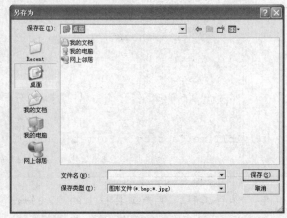

图6-40 【打开】对话框   图6-41 【另存为】对话框

调用【打开】对话框的方法为

通用对话框控件名.ShowOpen

调用【另存为】对话框的方法为

通用对话框控件名.ShowSave

与文件对话框有关的通用对话框控件属性如表 6-8 所示。

表 6-8   通用对话框控件属性

属 性	功 能
【Filter】属性	返回或设置文件过滤器，即设置文件的扩展名，通过设置【Filter】属性，可以在对话框中只显示扩展名与所设通配符相匹配的文件；【Filter】属性如果有多个值时，需要使用"｜"将其隔开
【FilterIndex】属性	设置默认的过滤器，在为【Filter】属性设定多个值后，系统会按顺序给每个属性值设置一个索引值。设置【FilterIndex】属性值后，和【FilterIndex】属性值相对应的【Filter】属性就会显示在对话框的【文件类型】或【保存类型】列表框中
【FileName】属性	返回或设置默认文件名
【CancelError】属性	确定当单击对话框的 ___取消___ 按钮时，是否发出一个错误信息

(2)【颜色】对话框。

【颜色】对话框如图 6-42 所示，调用【颜色】对话框的方法为

通用对话框控件名.ShowColor

与【颜色】对话框有关的通用对话框控件属性如表 6-9 所示。

表 6-9   通用对话框控件属性

属 性	功 能
【Flag】属性	返回或设置对话框的样式，当取"&H1&"时，表示为对话框设置默认的颜色值；当取"&H2&"时，表示显示全部对话框，包括自定义颜色部分
【Color】属性	返回所选中的颜色

(3)【字体】对话框。

【字体】对话框如图 6-43 所示，调用【颜色】对话框的方法为

通用对话框控件名.ShowFont

在用 ShowFont 方法显示【字体】对话框之前，必须将通用对话框控件的【Flags】属性值设为 cdlCFBoth 或 cdlCFPrinterFonts 或 cdlCFScreenFonts。与【字体】对话框有关的通用对话框控件属性如表 6-10 所示。

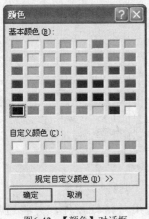

图6-42 【颜色】对话框

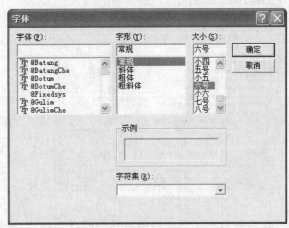

图6-43 【字体】对话框

表 6-10 通用对话框控件属性

属 性	说 明
【FontName】属性	返回被选定字体的名称
【FontSize】属性	返回被选字体大小
【FontBold】属性	确定是否选择粗体
【FontItalic】属性	确定是否选择斜体

【例6-12】 通用对话框控件的使用。

【操作步骤】

1. 新建一个标准工程。
2. 向窗体中添加 3 个命令按钮控件，调整各控件至如图 6-44 所示的位置，并按表 6-11 设置各个控件属性。

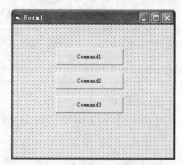

图6-44 调整后的窗体

表 6-11 控件属性

控件	属性	属性值	控件	属性	属性值
命令按钮控件 Command1	【名称】	cmdColor	命令按钮控件 Command3	【名称】	cmdPic
	【Caption】	背景颜色		【Caption】	背景图案
命令按钮控件 Command2	【名称】	cmdFont			
	【Caption】	字体设置			

3. 选择【工程】/【部件】命令，弹出图 6-45 所示的【部件】对话框。
4. 拖动【部件】对话框【控件】列表框右端的滚动条，让【Microsoft Common Dialog Control 6.0】项显示出来，并将其勾选，如图 6-45 所示。
5. 单击 确定 按钮，关闭【部件】对话框，工具箱中就添加了通用对话框控件，如图 6-46 所示。

图6-45 【部件】对话框

图6-46 工具箱

6. 在工具箱中，双击通用对话框控件，向窗体中添加通用对话框控件，并将通用对话框控件的【名称】属性设为 "cdlSet"。

7. 为各个命令按钮添加 **Click** 事件，并在对应事件中添加如下响应代码：

```
Option Explicit
Private Sub cmdColor_Click()
'调用"颜色"对话框
cdlSet.ShowColor
cdlSet.Flags = &H2&
'设置窗体背景颜色
Form1.BackColor = cdlSet.Color
End Sub

Private Sub cmdFont_Click()
'先设置对话框样式
cdlSet.Flags = cdlCFBoth
'调用"字体"对话框
cdlSet.ShowFont
'设置字体
Form1.FontSize = cdlSet.FontSize
Form1.FontName = Form1.FontName
Form1.Print "通用对话框测试程序"
End Sub

Private Sub cmdPic_Click()
'设置能预显示文件
cdlSet.Filter = "图形文件(*.bmp;*.jpg)|*.bmp;*.jpg)"
'调用"打开"对话框
cdlSet.ShowOpen
'打开图片
Form1.Picture = LoadPicture(cdlSet.FileName)
'将图片平铺显示在整个窗体上
Form1.PaintPicture Form1.Picture, 0, 0, Form1.Width, Form1.Height
End Sub
```

8. 保存工程，单击工具栏上的 ▶ 按钮，运行程序。单击 [背景颜色] 按钮，弹出如图 6-42 所示的【颜色】对话框，单击某个颜色，然后单击 [确定] 按钮，窗体的背景颜色变为对应颜色。

9. 单击 [字体] 按钮，弹出如图 6-43 所示的【字体】对话框，在【字体】栏、【大小】栏中分别选择对应的字体和字体大小，单击 [确定] 按钮，窗体上按所选择的字体显示一行文字。

10. 单击 [背景图案] 按钮，弹出如图 6-40 所示的【打开】对话框，在文件列表中选中某个图片文件后，单击 [打开(O)] 按钮，文件对应的图片便会平铺显示在窗体上。

> 在单击 [打开(O)] 按钮之前，必须在【打开】对话框中选择一个文件。

11. 单击工具栏上的 ■ 按钮，停止程序。

【知识链接】

(1) 由于通用对话框控件不是常用控件，用户必须自己添加，具体的步骤如例 6-12 中的第 3～5 步。通用对话框控件虽然在程序设计阶段是可见的，但其大小不可变，在程序运行时是不可见的。

(2) 【Filter】的属性值由描述值和通配符组成，中间用"|"相连。如例 6-12 中【Filter】属性值为"图形文件(*.bmp;*.jpg)|*.bmp;*.jpg"，其中"图形文件(*.bmp;*.jpg)"为描述值，"*.bmp;*.jpg"为通配符。如果有多个值，需使用"|"将其隔开。设置通用对话框控件的【Filter】属性后，在【打开】对话框、【另存为】对话框中便只显示扩展名与所设通配符相匹配的文件。

(3) 对于【打开】对话框、【另存为】对话框和【打印】对话框而言，通用对话框只能调用显示这些对话框，但具体的打开、保存文件以及打印还需用户自己编写具体的代码来实现。

(4) PaintPicture 方法用于图片的编辑，具体语法将在以后章节介绍。LoadPicture 函数用于打开图片文件。

6.1.14 控件命名规则

为了让程序具有良好的可读性，在对控件进行命名时（即设置【名称】属性），通常会在控件名称前面加上控件类型的缩写，让用户一看到缩写便知道是什么控件。例如，cmdStart 表示是命令按钮控件，lblTime 表示是标签控件。常用控件名称的缩写如表 6-12 所示。

表 6-12 控件缩写

控件	名称缩写	示例	控件	名称缩写	示例
窗体	frm	frmDraw	列表框控件	lst	lstCity
标签控件	lbl	lblName	组合框控件	cbo	cboCity
文本框控件	txt	txtName	水平滚动条	hsb	hsbRed
命令按钮控件	cmd	cmdOK	垂直滚动条	vsb	vsbRed
单选按钮控件	opt	optMan	图片框控件	pic	picCat
框架控件	fra	fraColor	图像框控件	img	picCat
复选框控件	chk	chkFont			

6.2 案例 1 —— 双色球自动选号程序

设计如图 6-47 所示的双色球自动选号程序，单击 自动选号 按钮，红色球显示 6 个红色号码，蓝色球显示一个蓝色号码。其中红色球的号码介于 1～33 之间，并且不能重号；蓝色球号码介于 1～16 之间。

图6-47 双色球自动选号

【操作步骤】

1. 启动 Visual Basic 6.0，新建一个标准工程。

2. 向窗体中添加两个框架控件和一个命令按钮控件，调整控件位置至如图 6-48 所示。将框架 Frame1 的【Caption】属性设为"红色球"，将框架 Frame2 的【Caption】属性设为"蓝色球"，将命令按钮的【名称】属性设为"cmdStart"，【Caption】属性设为"自动选号"。

3. 向"红色球"框架中添加一个文本框控件，将文本框的【名称】属性设为"txtNumb"，并删除【Text】属性中的"Text1"。

4. 再向"红色球"框架中添加一个文本框控件，将文本框的【名称】属性设为"txtNumb"，弹出创建控件数组对话框，如图 6-49 所示，这里单击 ［是(Y)］ 按钮。

图6-48　调整后的窗体　　　　　　　　　图6-49　创建控件数组提示框

> 在 Visual Basic 6.0 中，每个控件的【名称】属性都是唯一的，如果有重名的，则系统会提示是否创建控件数组，如图 6-49 所示，单击 ［是(Y)］ 按钮，则创建控件数组。如果要访问控件数组中的控件，则需通过控件数组的索引值来访问。

5. 以同样方式向"红色球"框架中添加 4 个文本框控件，向"蓝色球"框架中添加一个文本框控件，并将所有文本框的【名称】属性设为"txtNumb"，删除【Text】属性中的内容。

6. 双击命令按钮，为其添加 Click 事件，并添加如下代码：

```
Option Explicit
Dim NumArray(1 To 7) As Integer '用于存放随机产生的 7 个号码
Private Sub cmdStart_Click()
Dim i, j, N As Integer
For i = 1 To 7
NumArray(i) = 0
Next i
NumArray(1) = Fix(1 + 32 * (Rnd()))
j = 1
'产生 6 个红色球号码
Do While j < 6
numcr: N = Fix(1 + 32 * (Rnd())) '号码随机产生
If N = NumArray(j) Then '重号重新生成
    GoTo numcr
Else
   NumArray(j + 1) = N
```

```
      j = j + 1
End If
Loop
sortnumb '红色球号码从小排到大
For i = 1 To 6 '将号码显示在文本框中，并显示为红色
txtNumb(i - 1).Text = NumArray(i)
txtNumb(i - 1).ForeColor = vbRed
Next i
'随机产生蓝色号码
NumArray(7) = Fix(1 + 15 * (Rnd()))
txtNumb(6).ForeColor = vbBlue
txtNumb(6).Text = NumArray(7)
End Sub

'按从小到大排序
Public Sub sortnumb()
Dim j As Integer, k As Integer
Dim t As Integer
For j = 1 To 5
    For k = 1 To 6 - j
       If NumArray(k) > NumArray(k + 1) Then
          t = NumArray(k)
          NumArray(k) = NumArray(k + 1)
          NumArray(k + 1) = t
        End If
      Next k
Next j
End Sub
```

7. 保存工程，单击工具栏上的 ▶ 按钮，
   运行程序。单击 ▭自动选号▭ 按钮，在 7
   个文本框中显示 7 个号码：红色 6
   个、蓝色 1 个，如图 6-50 所示。
8. 单击工具栏上的 ■ 按钮，停止程序。

图6-50 自动选号程序

【案例小结】

在本案例中，通过文本框控件数组实现了双色球自动选号程序。控件数组是
Visual Basic 6.0 中另外一种数组，是一组名称属性相同的同类控件。和访问数组元素一样，
访问控件数组中某个控件也是通过索引值来实现的。在程序开发时，灵活使用控件数组可以
节省代码的书写量，精简代码，在以后的学习中，这种方法还会经常用到。

6.3 案例 2 —— 简单通讯录设计

设计如图 6-51 所示的通讯录，在各自信息栏中输入对应信息后，单击 添加 按钮，相应的信息添加到下面的列表框中。如果必要信息（姓名、移动电话、分组）未填写，则弹出对应的提示框。录入信息后，在文本框中选中某个信息，然后单击 删除 按钮，便删除该条信息。

【操作步骤】

1. 新建一个标准工程。
2. 向窗体中添加 5 个标签控件、4 个文本框控件、两个命令按钮控件、一个组合框控件和一个列表框控件，调整各个控件至如图 6-52 所示的位置。
3. 按表 6-13 设置各控件属性。

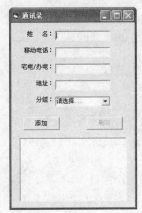

图6-51 简单通讯录

图6-52 调整后的窗体

表 6-13　　　　　　　　　　控件属性

控件	属性	属性值	控件	属性	属性值
标签控件 Label1	【名称】	lblName	命令按钮控件 Command1	【名称】	cmdAdd
	【Caption】	姓　名：		【Caption】	添加
	【AutoSize】	True	命令按钮控件 Command2	【名称】	cmdDel
标签控件 Label2	【名称】	lblMobile		【Caption】	删除
	【Caption】	移动电话	文本框控件 Text1	【名称】	txtName
	【AutoSize】	True		【Text】	空
标签控件 Label3	【名称】	lblOff	文本框控件 Text2	【名称】	txtMobile
	【Caption】	宅电/办电：		【Text】	空
	【AutoSize】	True	文本框控件 Text3	【名称】	txtOff
标签控件 Label4	【名称】	lblAddr		【Text】	空
	【Caption】	地　址：	文本框控件 Text4	【名称】	txtAddr
	【AutoSize】	True		【Text】	空
标签控件 Label5	【名称】	lblType	组合框控件 Combo1	【名称】	cboType
	【Caption】	分组		【Text】	空
	【AutoSize】	True	列表框控件 List1	【名称】	lstInfo
窗体 Form1	【Caption】	通讯录		【List】	空

4. 双击窗体空白处，为窗体添加 Load 事件。

5. 单击【工程】面板中的查看对象按钮 ▣，返回到主窗体。

6. 在窗体上单击 ▢添加▢ 按钮，为命令按钮添加 Click 事件。

7. 以同样的方式为另一个命令按钮和列表框添加 Click 事件。

8. 为各个事件添加如下响应代码：

```vb
Option Explicit
Dim Info(100, 5) As String            '存放记录的数组
Dim intNum As Integer           '记录数
Dim infoIndex As Integer   '所要删除的记录索引

'增加记录
Private Sub cmdAdd_Click()
  Dim i As Integer
  '判断必录项是否已录入
  If Trim(txtName.Text) = "" Then
    MsgBox "请输入" & lblName.Caption & "!", vbInformation, " 提示"
    txtName.SetFocus
    Exit Sub
  ElseIf Trim(txtMobile.Text) = "" Then
    MsgBox "请输入" & lblMobile.Caption & "!", vbInformation, " 提示"
    txtMobile.SetFocus
    Exit Sub
  ElseIf Trim(cboType.Text) = "请选择..." Then
    MsgBox "请选择分组！", vbInformation, " 提示"
    cboType.SetFocus
    Exit Sub
  End If
  '记录下当前的名单
  Info(0, intNum) = Trim(txtName.Text)
  Info(1, intNum) = Trim(txtMobile.Text)
  Info(2, intNum) = Trim(txtOff.Text)
  Info(3, intNum) = Trim(txtAddr.Text)
  Info(4, intNum) = Trim(cboType.Text)
  cmdDel.Enabled = True
  '判断是否为已有名单，如果为已有名单，则不添加
  '如果为新名单，则添加
  For i = 0 To intNum - 1
      If Info(0, i) = Trim(txtName.Text) And intNum > 0 Then
        MsgBox "已有名单!! ", vbInformation, "提示"
        txtName.Text = ""
        txtMobile.Text = ""
        txtOff.Text = ""
        txtAddr.Text = ""
        cboType.ListIndex = 0
```

```
      Exit Sub
    End If
  Next
  '添加名单
  ShowAll
  '添加名单后清除记录
  txtName.Text = ""
  txtMobile.Text = ""
  txtOff.Text = ""
  txtAddr.Text = ""
  cboType.ListIndex = 0
  '添加记录后，记录加 1
  intNum = intNum + 1
End Sub

Private Sub cmdDel_Click()
'删除选定的记录
  lstInfo.RemoveItem infoIndex
  '删除后记录减 1
  intNum = intNum - 1
End Sub

Private Sub lstInfo_Click()
  infoIndex = lstInfo.ListIndex
End Sub

Private Sub Form_Load()
'设置各控件名称
  cmdDel.Enabled = False
  cboType.AddItem "请选择..."
  cboType.AddItem "同学"
  cboType.AddItem "同事"
  cboType.AddItem "密友"
  cboType.AddItem "家人"
  cboType.AddItem "陌生人"
  cboType.ListIndex = 0
End Sub
```

9. 选择【工具】/【添加过程】命令，弹出【添加过程】对话框，在【名称】文本框中输入 "ShowAll"，过程类型及范围都保持默认设置，然后单击 确定 按钮，回到代码窗口，在代码窗口中添加 ShowAll 子过程，并在过程中添加如下代码：

```
'在列表框中显示所有记录
Private Sub ShowAll()
  Dim i As Integer
  Dim j As Integer
```

```
    Dim strInfo As String
    lstInfo.Clear
    For i = 0 To intNum                        'i 为数组第 2 维下标
    For j = 0 To 4                             'j 为数组第 1 维下标
        strInfo = strInfo & Info(j, i) & " "   '把数组元素存入变量
      Next j
      lstInfo.AddItem strInfo                   '把值存入列表框
      strInfo = ""
    Next i
End Sub
```

10. 保存工程，单击工具栏上的 ▶ 按钮，运行程序。在【姓名】、【移动电话】、【宅电/办电】、【地址】、【分组】文本框中输入对应信息后，单击 添加 按钮，所输入的信息便添加到下面的列表框中，如图 6-53 所示。

11. 如果【姓名】或【移动电话】或【分组】文本框中未输入信息，则在单击 添加 按钮后，将弹出如图 6-54 所示的提示框。

12. 录入信息后，在文本框中选中某个信息，然后单击 删除 按钮，便删除该条信息。

13. 在录入信息时，如果有重名，则弹出如图 6-55 所示的提示框。

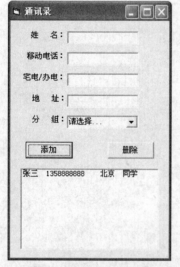

图6-53 添加记录后的通讯录

图6-54 未输入信息提示框

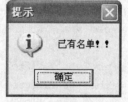

图6-55 已有名单提示框

14. 单击工具栏上的 ■ 按钮，停止程序。

【案例小结】

在本案例中，通过简单通讯录的设计，进一步熟悉了常用控件的属性以及消息对话框的调用方法，掌握了使用控件、对话框来设计程序的一般过程。本案例主要复习了以下知识：

- 文本框控件的常用基本属性及事件；
- 组合框控件的常用基本属性及事件；
- 列表框控件的常用基本属性及事件；
- 组合框、列表框列表项添加、删除的方法；
- 消息对话框调用的方法。

6.4　案例 3 —— 计算器设计

设计如图 6-56 所示的简单计算器，除了计算功能之外，还可以实现十进制与其他进制之间的转换。从计算器输入数值后，单击进制转换的单选按钮，便可以实现十进制与其他进制之间的转换。

【操作步骤】

1. 启动 Visual Basic 6.0，新建一个标准工程。
2. 向窗体中添加一个标签控件、两个框架控件，调整各个控件的位置至如图 6-57 所示。

图6-56　简单计算器

图6-57　添加框架后的窗体

3. 向框架控件 Frame1 中添加 3 个单选按钮，调整框架控件中的单选按钮至如图 6-58 所示。
4. 向框架控件 Frame2 中添加 19 个命令按钮控件，调整各命令按钮至如图 6-59 所示的位置。

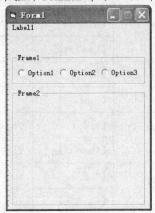

图6-58　添加控件后的窗体

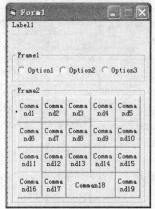

图6-59　调整后的窗体

5. 在窗体上选中标签按钮，将【名称】属性设为 "lblResult"，【Alignment】属性设为 "1 – Right Justify"，【BackColor】属性设为 "黑色"，【BorderStyle】属性设为 "1 – Fixed Single"，【Caption】属性设为 "0"，在【Font】属性中，设置【字形】为 "黑体"，【大小】为 "小四"，然后将【ForeColor】属性设为 "绿色"。
6. 在窗体上选中命令按钮 "Command1"，将【名称】属性设为 "cmdNumb"，将【Caption】属性设为 "1"。

7. 在窗体上选中命令按钮"Command2"，将【名称】属性设为"cmdNumb"。

8. 此时弹出如图 6-60 所示的创建控件数组提示框，单击 是(Y) 按钮，回到主窗体。

图6-60　创建控件数组提示框

9. 选择命令按钮"Command2"的【Caption】属性，并将【Caption】属性设为"2"。

10. 在窗体上选中命令按钮"Command9"，将【名称】属性设为"cmdCal"，【Caption】属性设为" + "。

11. 在窗体上选中命令按钮"Command10"，将【名称】属性设为"cmdCal"，此时弹出图 6-60 所示的创建控件数组提示框，单击 是(Y) 按钮，回到主窗体。

12. 选择命令按钮"Command10"的【Caption】属性，并将【Caption】属性设为" − "。

13. 按表 6-14 设置其他控件的相关属性，完成控件属性设置后的窗体如图 6-55 所示。

表 6-14　　　　　　　　　　　　　　控件属性

控件	属性	属性值	控件	属性	属性值
命令按钮控件 Command3	【名称】	cmdNumb	命令按钮控件 Command14	【名称】	cmdCal
	【Caption】	3		【Caption】	/
命令按钮控件 Command4	【名称】	cmdReCal	命令按钮控件 Command15	【名称】	cmdCal
	【Caption】	C		【Caption】	*
命令按钮控件 Command5	【名称】	cmdClear	命令按钮控件 Command16	【名称】	cmdNumb
	【Caption】	CE		【Caption】	0
命令按钮控件 Command6	【名称】	cmdNumb	命令按钮控件 Command17	【名称】	cmdNumb
	【Caption】	4		【Caption】	.
命令按钮控件 Command7	【名称】	cmdNumb	命令按钮控件 Command18	【名称】	cmdCal
	【Caption】	5		【Caption】	=
命令按钮控件 Command8	【名称】	cmdNumb	命令按钮控件 Command19	【名称】	cmdExit
	【Caption】	6		【Caption】	退出
命令按钮控件 Command11	【名称】	cmdNumb	单选按钮控件 Option1	【名称】	optBin
	【Caption】	7		【Caption】	二进制
命令按钮控件 Command12	【名称】	cmdNumb	单选按钮控件 Option2	【名称】	optOct
	【Caption】	8		【Caption】	八进制
命令按钮控件 Command13	【名称】	cmdNumb	单选按钮控件 Option3	【名称】	optHex
	【Caption】	9		【Caption】	十六进制

14. 单击【工程】面板的查看代码按钮，打开代码窗口，在代码窗口中输入如下代码：

```
Option Explicit
```

```
Dim dflag As Integer  '用于判断是否按下小数点
'用于判断是否按下运算键, 当 opnre 为零时, 才可以运算, 为 1 不能运算
Dim opnre As Integer
Dim prev As Double  '用于记录按下的数字键
'用于判断是否按下数字键, 只有当 oflag 为零时, 输入的数字才能被记录
Dim oflag As Integer
Dim ind As Integer  '记录按下的运算键, 包括等号
Dim numb As Integer  '用于记录输入的十进制数值
```

15. 单击对象列表框右端的箭头, 打开对象下拉列表, 然后选择【Form1】选项, 为窗体添加默认的 Load 事件, 并在事件中添加如下代码:

```
Private Sub Form_Load()
'初始化
    dflag = 0
    prev = 0
    oflag = 0
    ind = 0
    opnre = 0
End Sub
```

16. 单击【工程】面板中的查看对象按钮, 返回到主窗体。

17. 单击命令按钮, 这时窗口自动切换到代码窗口, 并为命令按钮 "cmdExit" 添加 Click 事件, 在 Click 事件中添加如下代码:

```
Private Sub cmdExit_Click()
    End  '退出程序
End Sub
```

18. 单击【工程】面板中的查看对象按钮, 返回到主窗体。双击命令按钮 C, 为其添加 Click 事件, 并在 Click 事件中添加如下代码:

```
Private Sub cmdReCal_Click()
'清除当前值
    lblResult.Caption = " 0"
End Sub
```

19. 以同样方式为命令按钮 CE 添加 Click 事件, 并在事件中添加如下代码:

```
Private Sub cmdClear_Click()
'重新计算
    dflag = 0
    prev = 0
    oflag = 0
    ind = 0
    opnre = 0
    lblResult.Caption = " 0"
End Sub
```

20. 单击【工程】面板的查看代码按钮▣，打开代码窗口，单击对象列表框右端的箭头，打开对象下拉列表，选择【cmdNumb】选项。然后单击过程列表框右端的箭头，打开过程下拉列表，分别选择【Click】和【LostFocus】选项，为数字命令按钮添加 Click 事件和 LostFocus，并在事件中添加如下代码：

```vb
Private Sub cmdCal_LostFocus(Index As Integer)
'记住输入的数
numb = Val(lblResult.Caption)
End Sub

Private Sub cmdNumb_Click(Index As Integer)
'如果已经按过等号，则重新计算
    If ind = 4 Then
        prev = 0
        lblResult.Caption = " "
        ind = 0
    End If
'如果已经按过运算键，则在标签控件中清除上一次的输入
    If oflag = 0 Then
        lblResult.Caption = " "
    End If
    '将按下的数字键显示在标签控件中，并且还要判断是否按过小数点
    If cmdNumb(Index).Caption <> "." Then
        If lblResult.Caption <> " 0" Then
            lblResult.Caption = lblResult.Caption & _
cmdNumb(Index).Caption
        Else
            lblResult.Caption = " " & cmdNumb(Index).Caption
        End If
    Else
        If dflag = 0 Then
            lblResult.Caption = lblResult.Caption & "."
            dflag = 1
        End If
    End If
oflag = 1
opnre = 0
'没有数值输入，则不选择任何单选按钮
If lblResult.Caption = "0." Then
    optBin.Value = False
    optOct.Value = False
```

```
   optHex.Value = False
   lblResult.Caption = "0."
Else
 numb = Val(lblResult.Caption)
End If
'当按下数字键时，默认是十进制，其他进制不可用
optBin.Value = False
optOct.Value = False
optHex.Value = False
End Sub
```

> 由于数字键为控件数组，所有数字键都共用一个名字，即"cmdNumb"，因此要访问某一个数字键控件，必须使用控件的索引值，如"cmdNumb(Index).Caption"，其中 Index 即为数字键的索引值。

21. 以同样方式为命令按钮"cmdCal"添加 Click 事件，并在相应的事件中添加如下代码：

```
Private Sub cmdCal_Click(Index As Integer)
'按下运算键便进行计算，并且根据所按的运算键进行运算
        If opnre = 0 Or Index = 4 Then
            If ind = 0 Then
                prev = prev + Val(lblResult.Caption)
            ElseIf ind = 1 Then
                prev = prev - Val(lblResult.Caption)
            ElseIf ind = 2 Then
                prev = prev / Val(lblResult.Caption)
            ElseIf ind = 3 Then
                prev = prev * Val(lblResult.Caption)
            End If
            '将运算结果显示在标签控件中
            lblResult.Caption = Str(prev)
            '运算完毕后，可以继续输入数字
            oflag = 0
        End If
        opnre = 1
        ind = Index
        dflag = 0
End Sub
```

22. 单击【工程】面板中的查看对象按钮，返回到主窗体。在窗体上单击单选按钮【二进制】，为其添加 Click 事件。

23. 以同样方式为其他两个单选按钮添加 Click 事件，并在各自事件中添加如下代码：

```
Private Sub optBin_Click()
```

```
Dim num As Integer
num = numb
lblResult.Caption = ""
'按常规方法将十进制转为二进制
Do While num > 0
lblResult.Caption = num Mod 2 & lblResult.Caption
num = num \ 2
Loop
End Sub

Private Sub optHex_Click()
'十进制转十六进制
lblResult.Caption = Hex(numb)
End Sub

Private Sub optOct_Click()
'十进制转八进制
lblResult.Caption = Oct(numb)
End Sub
```

24. 保存工程，单击工具栏上的 ▶ 按钮，运行程序。在窗体上单击某个数字键，该数字键便会显示在上面的标签控件中。

25. 按使用普通计算器的方法操作窗体上的按钮，便可以实现数学运算。

26. 从计算器输入数值后，单击进制转换的单选按钮，便可以实现十进制与其他进制之间的转换。

27. 单击 退出 按钮，退出程序。

【案例小结】

在本案例中，通过使用命令按钮控件来设计按键，完成了计算的功能。在本案例中，由于按键多达 19 个，如果每个按键都设置一个 Click 事件，将会成倍增加代码的书写量，使得整个代码很庞大。而使用命令按钮控件数组，则只需一个 Click 事件，精简了代码，减少了代码的输入工作。控件数组是一个整体，只要单击其中任何一个命令按钮便会激发 Click 事件，不需要为每个命令按钮添加 Click 事件，而所单击的命令按钮可通过控件数组的索引值来识别。

6.5 案例 4 —— 简单考试系统设计

进入考试系统后，弹出如图 6-61 所示的登录界面，单击 退出 按钮，直接退出程序。在【用户名】文本框中输入 "admin"，【密码】文本框中输入 "1111"，单击 进入 按钮，进入考试系统界面。如果姓名或密码输入不正确，弹出如图 6-62 所示的提示框。进入考试界面后，窗体的标题栏中显示所用时间，如图 6-63 所示。当做完一道题，单击 下一题 按钮，开始做下一道题；如果想查看上一道题，单击 上一题 按钮。题目做完后，单击 交卷 按钮，结束答题，弹出如图 6-64 所示提示框，提示用户共答对多少道题以及所用时间。整个答题过程有时间限制，如果答题时间超时，则弹出如图 6-65 所示提示框，单击 ┌──确定──┐ 按钮，则直接交卷，弹出如图 6-64 所示提示框；单击 ┌──取消──┐ 按钮，返回到答题界面，但已经不能答题，只能查看题目，单击 ┌─交卷─┐ 按钮，结束答题。

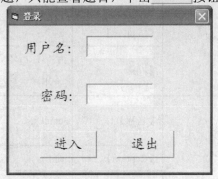

图6-61　登录界面

图6-62　错误提示框

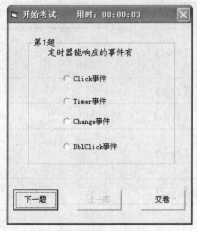

图6-63　考试界面

图6-64　交卷后的提示框

图6-65　时间到提示框

【操作步骤】

1. 新建一个标准工程。
2. 向窗体中添加两个标签控件、两个文本框控件、两个命令按钮控件，调整各个控件至如图 6-66 所示的位置。

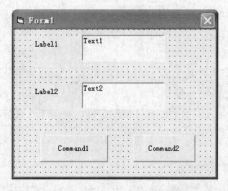

图6-66　调整后的窗体

3. 按表 6-15 设置有关控件的属性。

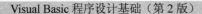
表 6-15 控件属性设置

控件	属性	属性值	控件	属性	属性值
标签控件 Label1	【名称】	lblName	命令按钮控件 Command1	【名称】	cmdStar
	【Caption】	用户名:		【Caption】	进入
	【AutoSize】	True		【Font】	字体：楷体 大小：三号
	【Font】	字体：楷体 大小：三号	命令按钮控件 Command2	【名称】	cmdQuit
标签控件 Label2	【名称】	lblPass		【Caption】	退出
	【Caption】	密码:			
	【AutoSize】	True	文本框控件 Text1	【名称】	txtName
	【Font】	字体：楷体 大小：三号		【Font】	字体：楷体 大小：三号
窗体 Form1	【名称】	frmStar		【Text】	空
	【Caption】	登录	文本框控件 Text2	【名称】	txtPass
	【MaxButton】	False		【Font】	字体：楷体 大小：三号
	【MinButton】	False		【Text】	空

4. 双击窗体空白处，为窗体添加 Load 事件。

5. 单击【工程】面板中的查看对象按钮 ，返回到主窗体。

6. 在窗体上双击 进入 按钮，为命令按钮添加 Click 事件

7. 以同样方式为另一个命令按钮添加 Click 事件，为文本框控件添加 Click 事件。

8. 为各个事件添加如下响应代码：

```
Option Explicit
Dim user(3) As String '用于存放用户名
Dim pass(3) As String '用于存放用户对应的密码
Dim i As Integer

Private Sub cmdStar_Click()
'密码判断
If txtPass.Text = pass(i) Then '密码正确，直接进入系统，并关闭登录窗口
    frmTest.Show
    Unload frmStar
Else '密码错误，弹出错误提示框
    MsgBox "密码错误，请重新输入！", vbCritical, "错误"
    txtPass.SetFocus
```

```
    txtPass.SelStart = 0
    txtPass.SelLength = Len(txtPass.Text)
End If
End Sub

Private Sub cmQuit_Click()
Unload frmStar
End Sub

Private Sub Form_Load()
'初始化用户名和对应的密码
user(0) = "admin"
user(1) = "张三"
user(2) = "李四"
pass(0) = "1111"
pass(1) = "2222"
pass(2) = "3333"
End Sub

Private Sub txtPass_Click()
Dim y As Boolean  '用于判断用户名是否有效
y = False
'循环查找用户是否存在
For i = 0 To 2
    If Trim(txtName.Text) = user(i) Then
            y = True
            Exit For
    End If
Next
'如果用户名不存在，则需重新输入
If y = False Then
    MsgBox "无效用户名，请重新输入！", vbCritical, "无效"
    txtName.SetFocus
End If
End Sub
```

9. 选择【工程】/【添加窗体】命令，弹出如图 6-1 所示【添加窗体】对话框，窗体图标▯ 默认被选中，然后单击 确定 按钮，向应用程序中添加一个新窗体 Form2，【工程】面板变为如图 6-67 所示。

10. 在【工程】面板中，双击图标▯ Form1 (Form1)，选中窗体 Form2，并将窗体 Form2 置于最上层。

11. 向窗体 Form2 中添加 1 个框架控件、3 个命令按钮控件、1 个定时器控件，调整各控件位置至如图 6-68 所示。

12. 在工具箱中双击标签控件 **A**，然后将鼠标指针移到框架 Frame1 中，按下鼠标左键（注意：按下鼠标的位置不要超出框架的范围），在框架上拖曳鼠标，在适当位置松开鼠标，向框架 Frame1 中添加标签控件。

13. 以同样方式向框架 Frame1 中添加 4 个单选按钮控件，调整框架中控件的位置至如图 6-69 所示。

图6-67 【工程】面板

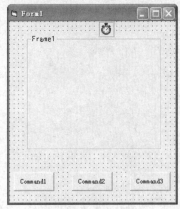

图6-68 添加控件的窗体

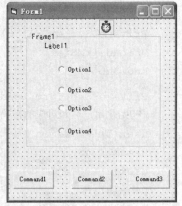

图6-69 调整后的窗体

14. 按表 6-16 设置各控件的属性。

表 6-16 控件属性设置

控件	属性	属性值	控件	属性	属性值
标签控件 Label1	【名称】	lblTest1	单选按钮 Option1	【名称】	optAnswer11
	【Caption】	定时器能响应的事件有		【Caption】	Click 事件
	【AutoSize】	True	单选按钮 Option2	【名称】	optAnswer12
命令按钮 Command1	【名称】	cmdNext		【Caption】	Timer 事件
	【Caption】	下一题	单选按钮 Option3	【名称】	optAnswer13
命令按钮 Command2	【名称】	cmdBack		【Caption】	Change 事件
	【Caption】	上一题	单选按钮 Option4	【名称】	optAnswer12
命令按钮 Command3	【名称】	cmdOk		【Caption】	DblClick 事件
	【Caption】	交卷	窗体 Form2	【名称】	frmTest
框架控件 Frame1	【名称】	fraTest		【Caption】	开始考试
	【Caption】	第 1 题		【BorderStyle】	1-Fixed Single

15. 在窗体上选中框架控件，然后选择【编辑】/【复制】命令或直接在键盘上按 Ctrl＋C 组合键，复制框架控件。

16. 单击窗体空白处，选中窗体，然后选择【编辑】/【粘贴】命令或直接在键盘上按 Ctrl＋V 组合键，粘贴框架控件。

在选择【编辑】/【粘贴】命令之前，务必要让选中焦点落在窗体上。

说明

17. 此时弹出如图 6-70 所示的创建控件数组提示框，提示是否为框架创建数组，单击 是(Y) 按钮，为框架控件创建控件数组；单击 否(N) 按钮，取消创建控件数组。

图6-70 创建控件数组提示框

18. 依次在弹出的创建控件数组提示框中单击 否(N) 按钮，取消创建控件数组，直到不弹出创建数组提示框为止，接下来窗体上新增一个框架控件、一个标签控件和 4 个单项按钮控件。

19. 在【属性】对话框中单击【对象】组合框右端的箭头，打开下拉列表，单击【fraTest(1)】选项，选中新增的框架，将【Caption】属性改为"第 2 题"，并将新增框架调整到第 1 个框架所在位置。

20. 在窗体上选中标签控件，将标签控件的【名称】属性设为"lblTest2"，【Caption】属性设为"组合框控件能响应的事件与以下哪个属性有关"。

21. 选中最上面的单选按钮控件，将其【名称】属性设为"optAnswer21"，【Caption】属性设为"Style"。

22. 选中第 2 个单选按钮控件（由上往下数），将其【名称】属性设为"optAnswer22"，【Caption】属性设为"名称"。

23. 选中第 3 个单选按钮控件（由上往下数），将其【名称】属性设为"optAnswer23"，【Caption】属性设为"List"。

24. 选中第 4 个单选按钮控件（由上往下数），将其【名称】属性设为"optAnswer24"，【Caption】属性设为"Enabled"。

25. 重复第 16～19 步，向窗体中新增一个框架控件，包括一个标签控件和 4 个单选按钮控件，调整新增框架的位置至如图 6-71 所示，并将框架控件的【Caption】属性改为"第 3 题"。

26. 删除 4 个单选按钮控件，向框架中添加 4 个复选框控件，调整框架中控件的位置至如图 6-72 所示。

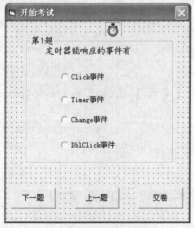

图6-71 新增框架的窗体

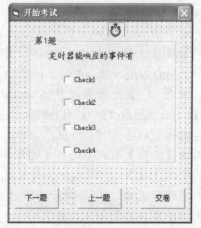

图6-72 调整后的窗体

27. 在窗体上选中标签控件，将标签控件的【名称】属性设为"lblTest3"，【Caption】属性设为"与定时器的 Timer 事件有关的属性包括"。

28. 选中最上面的复选框控件，将其【名称】属性设为 "chkAnswer31"，【Caption】属性设为 "Interval 属性"。

29. 选中第 2 个复选框控件（由上往下数），将其【名称】属性设为 "chkAnswer32"，【Caption】属性设为 "Value 属性"。

30. 选中第 3 个复选框控件（由上往下数），将其【名称】属性设为 "chkAnswer33"，【Caption】属性设为 "Enabled 属性"。

31. 选中第 4 个复选框控件（由上往下数），将其【名称】属性设为 "chkAnswer34"，【Caption】属性设为 "Index 属性"。

32. 在【属性】对话框中单击【对象】组合框右端的箭头，打开下拉列表，选择【fraTest(2)】选项，并在窗体上单击选中第 3 个框架控件。

33. 选择【编辑】/【复制】命令或直接在键盘上按 Ctrl+C 组合键，复制该框架控件。

34. 单击窗体空白处，选中窗体，然后选择【编辑】/【粘贴】命令或直接在键盘上按 Ctrl+V 组合键，粘贴框架控件。

35. 弹出如图 6-70 所示的创建控件数组提示框，单击 否(N) 按钮，取消创建控件数组。

36. 在接下来依次弹出的创建控件数组提示框中都单击 否(N) 按钮，取消创建控件数组，直到不弹出创建控件数组提示框为止。

37. 调整框架控件的位置至如图 6-73 所示，并将框架控件的【Caption】属性改为 "第 4 题"。

38. 选中标签控件，将标签控件的【名称】属性设为 "lblTest4"，【Caption】属性设为 "组合框和列表框共有的属性包括"。

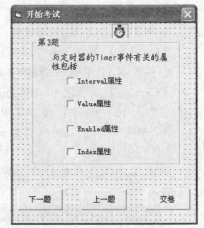

图6-73 调整后的窗体

39. 选中最上面的复选框控件，将其【名称】属性设为 "chkAnswer41"，【Caption】属性设为 "List "属性"。

40. 选中第 2 个复选框控件（由上往下数），将其【名称】属性设为 "chkAnswer42"，【Caption】属性设为 "ListIndex 属性"。

41. 选中第 3 个复选框控件（由上往下数），将其【名称】属性设为 "chkAnswer43"，【Caption】属性设为 "MultiSelect 属性"。

42. 选中第 4 个复选框控件（由上往下数），将其【名称】属性设为 "chkAnswer44"，【Caption】属性设为 "ListCount 属性"。

43. 在窗体上双击 下一题 按钮，为其添加 Click 事件。

44. 单击【工程】面板中的查看对象按钮 国，返回到主窗体。

45. 在窗体上双击 上一题 按钮，为其添加 Click 事件。

46. 以同样方式为 交卷 按钮添加 Click 事件，为定时器控件添加 Timer 事件。

47. 为各个事件添加如下响应代码：

```
Option Explicit
Dim hour As Integer '用于存放小时数
Dim min As Integer '用于存放分钟数
```

```
Dim sec As Integer '用于存放秒数
Const num = 4  '总题目数
Dim tnum As Integer '用于存放当前所做题号
Dim rnum As Integer '用于存放当前做对的题目

Private Sub cmdBack_Click()
Dim i As Integer
'先让所有题目不可见
For i = 0 To 3
  fraTest(i).Visible = False
Next
'然后让当前所做题目的上一题可见，并且当前题号减1
If tnum < 4 Then
  If tnum > 0 Then
    fraTest(tnum - 1).Visible = True
    tnum = tnum - 1
  Else
   cmdBack.Enabled = False
   End If
End If
'如果当前题号为第一题，则"上一题"按钮不可用
If tnum = 0 Then
  cmdBack.Enabled = False
Else
  cmdBack.Enabled = True
End If
' "下一题"按钮可用
cmdNext.Enabled = True
End Sub

Private Sub cmdNext_Click()
Dim i As Integer
'先让所有题目不可见
For i = 0 To 3
  fraTest(i).Visible = False
Next
'然后让当前所做题目的下一题可见，并且当前题号加1
If tnum < 2 Then
  fraTest(tnum + 1).Visible = True
  tnum = tnum + 1
'如果当前题目为最后一题，则不能再单击"下一题"按钮
```

```
Else
 cmdNext.Enabled = False
fraTest(3).Visible = True
 tnum = 3
End If
'如果当前题号为第一题，则只有"下一题"按钮可用
If tnum = 0 Then
cmdBack.Enabled = False
Else
 cmdBack.Enabled = True
End If
End Sub

Private Sub cmdOk_Click()
check
'显示你总共做对的题目和所用时间
MsgBox "你共做对" & Str(rnum) & "道题，耗时" & Format(hour, "00") & ":" & _
Format(min, "00") & ":" & Format(sec, "00"), vbInformation, "答题完毕"
'退出程序
Unload Form2
End Sub

Private Sub Form_Load()
'考试计时程序，通过定时将秒、分、小时加 1 实现
Timer1.Interval = 1000
optAnswer11.Value = False
optAnswer12.Value = False
optAnswer13.Value = False
optAnswer14.Value = False
End Sub
Private Sub Timer1_Timer()
Dim mybutton As Integer
Dim i As Integer
sec = sec + 1
If sec >= 59 Then
'如果秒数满 59，则分钟数加 1，并且秒数又从 0 开始计
    min = min + 1
    sec = 0
    '如果分钟数满 59，则小时数加 1，并且秒数、分钟数又从 0 开始计
    If min > 59 Then
        hour = hour + 1
```

```
        min = 0
        sec = 0
    End If
End If
Form2.Caption = "开始考试    " & "用时：" & Format(hour, "00") & ":" & _
                Format(min, "00") & ":" & Format(sec, "00")
'如果做题所用时间超过考试时间,则停止答题
If 3600 * hour + 60 * min + sec > 10 Then
    mybutton = MsgBox("考试时间到，考试结束，是否交卷！", vbInformation + _
vbOKCancel, "时间到")
    '如果选择"确定"按钮，则直接交卷，并退出程序
    If mybutton = 1 Then
        cmdOk_Click
    '如果选择"取消"按钮，则回到考试界面，但已经不能答题，只能查看题目和交卷
    Else
        For i = 0 To 3
          fraTest(i).Enabled = False
          Timer1.Enabled = False
        Next
    End If
End If
End Sub

Public Sub check()
If optAnswer12.Value = True Then
   rnum = rnum + 1
End If
If optAnswer21.Value = True Then
   rnum = rnum + 1
End If
If chkAnswer31.Value = 1 And chkAnswer33.Value = 1 Then
    rnum = rnum + 1
End If
If chkAnswer41.Value = 1 And chkAnswer42.Value = 1 _
        And chkAnswer44.Value = 1 Then
           rnum = rnum + 1
End If
End Sub
```

> **说明**　向工程中添加子过程（包括子函数、子程序、子事件等），除了可以直接通过输入代码来完成以外，还可以通过【添加过程】对话框来添加子过程，这将在下一章详细介绍。

48. 保存工程，单击工具栏上的 ▶ 按钮，运行程序。弹出如图 6-61 所示登录界面，输入用户名和密码后（用户名包括 admin、张三、李四，对应的密码分别为 1111、2222、3333），单击 进入 按钮，进入考试系统，界面如图 6-63 所示。如果输入的用户名不包括在已有用户名中，则在输入密码时，将弹出如图 6-74 所示提示框；如果密码输入不正确，将弹出如图 6-62 所示提示框。单击 退出 按钮，直接退出程序。

图6-74　无效用户名提示框

49. 进入考试界面后，窗体的标题栏中显示所用时间。当做完一道题，单击 下一题 按钮，开始做下一道题；如果想查看上一道题，单击 上一题 按钮。题目做完后，单击 交卷 按钮，结束答题，弹出如图 6-64 所示提示框，提示用户共答对多少道题以及所用时间。

50. 如果答题时间超时，则弹出如图 6-65 所示提示框，单击 确定 按钮，则直接交卷，弹出如图 6-64 提示框；单击 取消 按钮，返回到答题界面，但已经不能答题，只能查看题目，单击 交卷 按钮，结束答题。

51. 单击工具栏上的 ■ 按钮，停止程序。

【案例小结】

在本案例中，利用了框架控件是容器类控件这一特性。先向框架中添加控件，然后让框架控件在可见和不可见之间切换，这样框架中的控件也在可见和不可见之间切换，从而实现了某道题可见和不可见的效果，具体实现原理如下。

(1) 将所有题目在框架控件中先设计好，题目由单选按钮或复选框控件组成。

(2) 在答题时，先将所有框架控件都隐藏起来，即将所有框架的【Visible】属性设为 "False"。

(3) 将要答的题所在框架显示出来，即将某个框架的【Visible】属性设为 "True"。

习题

一、填空题

1. 控制控件是否可见的属性为＿＿＿＿；控制控件是否可用的属性为＿＿＿＿；控件的位置是由＿＿＿＿和＿＿＿＿属性来确定的；控件的大小是由＿＿＿＿和＿＿＿＿属性来确定的；控件上所显示的文本是由＿＿＿＿属性来设定的；控件的外观样式是由＿＿＿＿来设定的，该属性有＿＿＿＿和＿＿＿＿两个取值。

2. 与鼠标有关的事件包括＿＿＿＿、＿＿＿＿、＿＿＿＿、＿＿＿＿、＿＿＿＿，其中＿＿＿＿在单击控件时被激发，＿＿＿＿在鼠标被按下时被激发，＿＿＿＿在松开鼠标时被激发，＿＿＿＿事件在双击控件时被激发。

3. 与键盘有关的事件包括＿＿＿＿、＿＿＿＿、＿＿＿＿，其中＿＿＿＿在单击键盘按键时被激发，＿＿＿＿在按下键盘按键时被激发，＿＿＿＿在松开键盘按键时被激发。

4. 要想标签能根据所显示的内容来自动调整大小，则必须将【AutoSize】属性设为_____。

5. 要想在文本框中输入多行内容，则必须将【MultiLine】属性设为_____。当文本框中的内容发生改变时，便会激发_____事件。

6. 向列表框和组合框中添加列表时，可使用_____方法；删除选定的列表，可使用_____方法；删除全部列表项，可使用_____方法。

7. 滚动条所能代表的范围是由_____和_____属性来确定的，滚动条当前所代表的值由_____属性返回。当单击滚动条两端的箭头时，滚动条的增量值是由_____属性决定的，当单击滚动条的空白处时，滚动条的增量值是由_____属性决定的。

8. 定时器控件能够响应的唯一事件为_____，并且该事件被激发的时间间隔由_____属性来给定。

9. 对话框可以通过_____方法来显示，通过_____方法来隐藏。

10. 预定义对话框包括_____对话框和_____对话框，_____对话框通过_____函数来调用；_____对话框通过_____函数来调用。

11. 针对通用对话框控件，使用_____方法可以显示【另存为】对话框；使用_____方法可以显示【颜色】对话框；使用_____方法可以显示【字体】对话框。

12. 显示窗体所使用的方法为_____；隐藏窗体可使用_____。

二、选择题

1. 以下事件中，命令按钮不能响应的事件为_____。
   A. Click 事件　　　　　　　　　　B. MouseDown 事件
   C. Change 事件　　　　　　　　　　D. GotFocus 事件

2. 文本框中所输入的内容由_____属性返回。
   A.【List】　　　B.【Text】　　　C.【PasswordChar】　　　D.【Value】

3. 使用单选按钮控件或复选框控件来实现选择功能时，选择项是否被选中可由_____属性来获得。
   A.【Enabled】　　B.【Visible】　　C.【Value】　　　　D.【Caption】

4. 要使组合框的样式为简单组合式，则【Style】属性应设为_____。
   A. 0　　　　　B. 1　　　　　C. 2　　　　　D. 3

5. 如果只允许在列表框中选择一个列表项，则【MultiSelect】属性必须设为_____。
   A. 0　　　　　B. 1　　　　　C. 2　　　　　D. 3

6. 在列表框、组合框中，当前被选中的列表项由_____属性返回。
   A.【List】　　B.【ListIndex】　　C.【Text】　　　　D.【ListCount】

7. 当单击组合框的下拉箭头时，便会激发_____事件。
   A. Click　　B. Change　　C. DropDown　　　D. DblClick

8. 组合框所能响应的事件与下面的_____属性有关。
   A.【List】　　B.【ListIndex】　　C.【Text】　　　D.【Style】

9. 当拖动滚动条的滚动框时，便会激发_____事件。
   A. Scroll　　B. Change　　C. DropDown　　　D. Click

10. 要为【文件】对话框的 Filter 属性设置两个值，则下面写法正确的是_____（假设在窗体上已添加了通用对话框控件，控件名为"CommonDialog1"）。

    A．CommonDialog1.Filter = "所有文件(*.*)|*.*|文本文件(*.txt)|*.txt"

    B．CommonDialog1.Filter = "所有文件(*.*)*.*|文本文件(*.txt)*.txt"

    C．CommonDialog1.Filter = "所有文件(*.*)|*.*文本文件(*.txt)|*.txt"

    D．CommonDialog1.Filter = "所有文件(*.*)*.*|文本文件(*.txt)|*.txt"

11. 用户可以从【颜色】对话框中选择的属性为_____。

    A．【Flags】   B．【Color】   C．【FileName】   D．【Filter】

三、程序设计题

1. 设计一个能将列表框中所选定的列表项添加到组合框中去的程序。要求：窗体上要有一个列表框、一个组合框、一个【确定】按钮和一个【取消】按钮。在列表框中选定列表项，单击【确定】按钮，列表框中被选定的列表项便会被添加到组合框中，并且列表框中被选定的列表项被删除；单击【取消】按钮，组合框中被选定的列表项重新回到列表框中。

2. 设计一个统计学生爱好的程序，界面如图 6-75 所示。要求：单击【确定】按钮，所选择的内容将按顺序显示在右边的列表框中，并且该列表框自带滚动条，可以多行显示。

3. 设计如图 6-76 所示的倒计时程序，单击【开始】按钮，开始从 10 到 0 的倒计时，当显示为 0 时，又从 10 开始倒计时。开始倒计时后，【开始】按钮变为【暂停】按钮，单击【暂停】按钮便暂停倒计时，【暂停】按钮变为【开始】按钮，单击【开始】按钮又开始倒计时。

        图6-75　统计学生爱好的程序界面

        图6-76　倒计时程序界面

第7章

过程

在使用 Visual Basic 6.0 进行程序开发时，经常会使用同一段程序来完成某一特定的功能。如果将经常使用的程序段编写成子过程（也称子程序），然后供其他程序段调用，这样不仅可以简化程序，而且还便于程序维护。

- ❖ 掌握过程的概念及常用的过程。
- ❖ 掌握子程序过程和函数过程的定义和使用。
- ❖ 掌握子程序过程和函数过程的调用方法。
- ❖ 熟悉常用内部函数。
- ❖ 熟悉过程参数的传递方式及区别。

7.1 知识解析

可供其他程序段调用的程序段称为子过程（也称为子程序），子过程通常是公用的、能完成特定功能的程序段。调用子程序的程序段称为主程序。使用子过程，不仅使程序框架更明了，而且还便于程序的调试和维护。

7.1.1 子过程分类

在 Visual Basic 中，有两类子过程：通用过程和事件过程。

1. 通用过程

在 Visual Basic 6.0 中，通用过程分为两类，即子程序过程（Sub 过程）和函数过程（Function 过程）。通用过程由用户创建，但必须在被调用后才能完成特定的任务，否则在程序运行时，通用过程中的代码被跳过，并不被执行。

2. 事件过程

当用户对一个对象发出动作时，会产生一个事件，然后自动地调用与该事件相关的事件过程。事件过程就是在响应事件时执行的程序段，这在前面的章节中已经使用过，如窗体的Click()事件过程。

7.1.2 子程序（Sub）过程

子过程的语法结构为：

```
Delare Sub 过程名 （形参1，形参1，…）
    语句序列
End Sub
```

其中 Declare 可为 Public、Private、Static；Public 定义的子程序过程为公用的（默认值），应用程序可随处调用它。Private 定义的子过程为局部的，只有该过程所在模块中的程序才能调用它。"过程名"是供调用的标识符，应符合 Visual Basic 6.0 标识符命名规则。"形参"只能是变量或数组名，当有多个参数时，参数之间要用逗号分隔。和变量一样，子程序过程必须先被定义或建立之后，才能被其他过程调用。

1. 建立子程序过程

建立 Sub 子过程，可以使用以下两种方法。

(1) 第一种方法的操作步骤如下。

① 选择【工具】/【添加过程】命令，弹出【添加过程】对话框，如图 7-1 所示。

② 在【类型】栏内选择【子程序】单选按钮。

③ 在【范围】栏内选择过程的适用范围，可以选择【公有的】单选按钮或【私有的】单选按钮。如果选择【公有的】单选按钮，则所建立的过程可用于本工程内的所有窗体模块；如果选择【私有的】单选按钮，则所建立的过程只能用于本标准模块。

④ 在【名称】文本框中输入要建立的过程的名字（例如"Txt"）。

⑤ 单击 确定 按钮，回到代码窗口，建立如图 7-2 所示子过程。

(2) 第二种方法：直接在代码窗口按定义子程序过程的语法结构输入代码，然后按 Enter 键，系统自动添加 End Sub 语句，如图 7-2 所示。

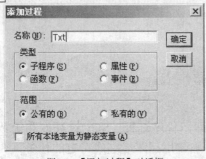

图7-1 【添加过程】对话框

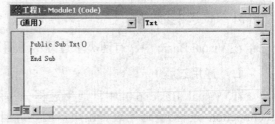

图7-2 代码窗口

2. 调用子程序过程

调用子程序过程有两种方法：用 Call 语句或直接调用，两种方法的语法结构如下：

```
Call 过程名 （参数1，参数2）
    过程名 参数1，参数2
```

使用 Call 语句调用子程序过程时，参数必须用括号括起来；直接调用子程序过程时，参数不能用括号括起来。

【例7-1】　子程序过程的使用。

【操作步骤】

1. 新建一个标准工程。
2. 选中窗体，并将窗体的【AutoReDraw】属性设为"True"。
3. 选择【工具】/【添加过程】命令，弹出【添加过程】对话框。
4. 在【名称】文本框中输入"Draw"，在【类型】栏内选择【子程序】单选按钮，在【范围】栏内选择【公有的】单选按钮。
5. 单击 确定 按钮，返回到代码窗口，新建 Draw 子程序过程。在 Draw 子程序过程中添加如下代码：

```
Public Sub Draw(n As Integer)
Dim i, j As Integer
For i = 1 To n
        '每行缩进16-i 个制表符，即按 Tab 键16-i 次
        Print Tab(16 - i);
        '每行有 2*i-1 个"*"号
        For j = 1 To 2 * i - 1
            Print "*";
        Next j
        Print '换行
Next i
End Sub
```

6. 分别为窗体添加 Load 和 Click 事件，并新增如下代码：

```
Option Explicit
Dim m As Integer
Private Sub Form_Click()
m = 6
'直接调用子过程
Draw m
End Sub

Private Sub Form_Load()
m = 5
'通过 Call 语句调用子过程
Call Draw(m)
End Sub
```

7. 保存工程，单击工具栏中的 ▶ 按钮，运行程序，窗体上显示如图 7-3 所示的图案。
8. 在窗体上单击鼠标，窗体上增加一组图案，如图 7-4 所示。
9. 单击工具栏中的 ■ 按钮，停止程序。

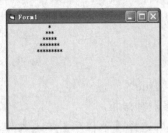

图7-3 窗体上显示的图案

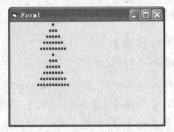

图7-4 窗体上新增图案

【知识链接】

(1) 在定义子过程时，括号中的形参用于接收从外部传来的数据，并传递给子过程中对应的参数，相当于子过程与外部交换数据的桥梁。在使用形参的同时，还可以为形参指明数据类型，具体语法结构如下：

> 形参名 As 数据类型

如果不指明形参数据类型，则形参的数据类型为默认的变体型。如例 7-1 中，在定义 Draw 子过程时，形参 *n* 同时被指明是整型数据。

(2) 调用子过程时，传给形参的数据个数要和形参的个数一致，并且位置要对应，数据类型也要匹配。在输入子程序过程名时，系统会提示形参的个数及数据类型，如图 7-5 所示。例如，在动手操作时，如果将变量 *m* 定义为 Double 类型数据，运行程序时，程序会出错，弹出如图 7-6 所示的错误提示框。

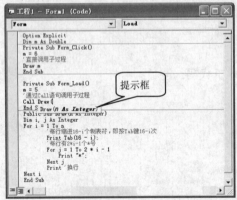

图7-5 形参提示框

图7-6 错误提示框

7.1.3 函数（Function）过程

与子程序过程一样，函数（Function）过程也是一个独立的过程，可读取参数，执行一系列语句并改变其参数的值。与子程序过程不同的是，子函数过程可返回一个值供调用它的过程使用，即函数过程有返回值。函数过程的语法结构和子程序过程类似，只是将 Sub 换成 Function。

1. 建立函数过程

和建立子程序过程一样，建立函数过程也有两种方法。一种方法是在【添加过程】对话框的【类型】栏内选择【函数】单选按钮；另外，还可以在代码窗口中直接建立函数过程，只需将 Sub 换成 Function。

2.　调用函数过程

函数过程的调用也是通过 Call 语句或直接调用来实现的，语法结构和子程序过程的调用一样。使用 Call 语句调用函数过程时，参数必须用括号括起来；直接调用函数过程时，不需使用括号。

【**例7-2**】　矩形面积计算。

【**操作步骤**】

1. 新建一个标准工程。
2. 选中窗体，并将窗体的【AutoReDraw】属性设为"True"。
3. 选择【工具】/【添加过程】命令，弹出【添加过程】对话框。
4. 在【名称】文本框中输入"Rect"，在【类型】栏内选择【函数】单选按钮，在【范围】栏内选择【公有的】单选按钮。
5. 单击 确定 按钮，返回到代码窗口，新建 Rect 函数过程。在 Rect 函数过程中添加如下代码：

```
Function Rect(rlen As Single, rwid As Single) As Single
  Rect = rlen * rwid
End Function
```

6. 为窗体添加 Click 事件，并新增如下代码：

```
Private Sub Form_Click()
Dim a As Single, b As Single, area As Single
Dim myinput As String
'输入数据
myinput = InputBox("请输入长方形的长:", "数据输入窗口")
a = Val(myinput)
myinput = InputBox("请输入长方形的宽:", "数据输入窗口")
b = Val(myinput)
'调用函数过程计算面积
area = Rect(a, b)
Print "你输入长方形的长和宽分别为: " & a & "," & b
Print "长方形面积为: " & area
End Sub
```

7. 保存工程，单击工具栏上的 ▶ 按钮，运行程序。在窗体上单击鼠标，在弹出的输入对话框中依次输入长方形的长和宽。单击 确定 按钮，窗体上显示输入的长方形的长和宽，以及对应的面积。
8. 单击工具栏中的 ■ 按钮，停止程序。

【**知识链接**】

（1）函数过程名不仅是供调用的标识符，而且还可用于存放返回值的变量名。在定义函数过程时，需指明数据类型，语法结构如下：

```
Delare Function 函数过程名(形参1, 形参1,…) As 数据类型
    语句块
```

```
End Sub
```

若数据类型为默认，则返回变体类型值。在"语句块"中至少对函数过程名赋值一次。如例 7-2 中，Rect 既是函数过程名，还是存放返回值的变量名，其值为两个形参 rlen、rwid 的乘积。函数过程名 Rect 既可以供主程序直接使用，还可以直接赋给主程序的变量 area。

（2）调用函数过程时，传给形参的数据个数要和形参的个数一致，并且位置要对应，数据类型也要匹配。在输入函数过程名时，系统会提示形参的个数、位置及数据类型。如例 7-2 中，在输入函数过程名 Rect 时，会弹出如图 7-7 所示的提示框，提示需要数据的个数及类型。

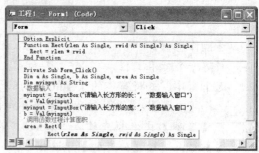

图7-7　形参提示框

7.1.4　内部函数

与函数过程相对应，Visual Basic 6.0 还提供了内置的或内部的函数，这些函数所包括的语句块已经被编译后，不需要用户去编写，用户可按调用函数过程的方法调用内部函数。在表 7-1 中，列出了 Visual Basic 6.0 中部分常用的函数。

表 7-1　　　　　　　　　　　Visual Basic 6.0 中部分常用函数

类别	函数名	作用
类型转换函数	Cint(x)	将 x 的值的小数部分四舍五入转换为整型
	CLng(x)	将 x 的值的小数部分四舍五入转换为长整型
	CSng(x)	将 x 的值转换为单精度浮点型
	CDbl(x)	将 x 的值转换为双精度浮点型
	CStr(x)	将 x 的值转换为字符型
	CBool(x)	将 x 的值转换为布尔型
	Cvar(x)	将 x 的值转换为变体型
	Val(字符串)	将代表数值的字符串转换成数值型数据
	Str(数值)	将数值型数据转换成代表数值的字符串
数学函数	Abs(x)	返回 x 的值绝对值
	Sqr(x)	返回 x 的值平方根
	sgn(x)	返回 x 的符号，x 为正数时返回 1，为 0 时返回 0，若 x 为负数则返回-1
	Exp(x)	返回以 e 为底的 x 的指数的值
	Log(x)	返回以 e 为底的 x 的对数的值
	Sin(x)	返回 x 的正弦值
	Cos(x)	返回 x 的余弦值
	Tan(x)	返回 x 的正切值
	Atn(x)	返回 x 的余切值
	Rnd	返回一个 0～1 的单精度随机数

类别	函数名	作用
字符串处理函数	Len(字符串)	返回字符串的长度（即字符串中字符的个数）。例如，Len("Hello")、Len("Good")的值分别为 5 和 4
	Left(原字符串，截取长度)	返回从某字符串的左边截取定长的子字符串。例如，Left("Hello",2)是从字符串"Hello"左边截取两个字符，返回值是"He"
	Right(原字符串，截取长度)	返回从某字符串的右边截取定长的子字符串。例如，Right("Hello",2)的值为"lo"
	Mid(字符串，起始位置，截取个数)	返回从"起始位置"开始截取定长的子字符串。例如，Mid("Hello",3,2)，表示从该字符串的第 3 个字符处截取两个字符，其值为"ll"
	StrReverse(字符串)	返回与原字符串反向的字符串。例如，StrReverse("Hello")的值为"olleH"
	LTrim(字符串)	清除字符串左边的空格。例如，LTrim(" Hello")的值为"Hello"
	RTrim(字符串)	清除字符串右边的空格。例如，LTrim("Hello ")的值为"Hello"
	Trim(字符串)	清除字符串两边的空格。例如，Trim(" Hello ")的值为"Hello"
	LCase(字符串)	将字符串的所有字母变成小写。例如，LCase("Hello")的值为"hello"
	UCase(字符串)	将字符串的所有字母变成大写。例如，UCase("Hello")的值为"HELLO"
	InStr(起始位置,原字符串,目标字符串)	在"原字符串"中从"起始位置"开始查找"目标字符串"，返回目标字符串在原字符串中出现的第一个位置。例如，InStr(1,"Hello","l")的值为 3

7.1.5 参数传递

参数传递可以实现调用过程和被调过程之间的信息交换，在过程的调用中，调用其他过程的过程称为主过程，被调用的过程称为子过程。当被调用的子过程要使用主过程中的数据时，就必须使用参数来传递。参数分为形式参数和实际参数。

- 形式参数（简称形参）：在子过程中使用的参数，出现在子程序过程和函数过程中。形式参数可以是变量名和数组名。
- 实际参数（简称实参）：在主过程中使用的参数，过程调用时实参数据会传递给形参。

在 Visual Basic 6.0 中，实参和形参之间数据的传递有两种方式，即传址（ByRef）方式和传值（ByVal）方式，其中传址又称为引用，是默认的方式。

用"ByVal"关键字指出参数是按值来传递的。按值传递时，传递的只是变量的副本。当调用一个子过程时，系统会将实参的值直接复制给形参，然后实参与形参之间便断开了联系，对形参的任何操作都不会影响到实参。

用"ByRef"关键字指出参数是按址来传递的，按址传递是 Visual Basic 6.0 默认的参数传递方式。按址传递时，形参将与原变量使用内存中的同一地址。也就是说，如果在过程中改变了这个形参的值，实参的值也会随之而改变。

【例7-3】 参数传递比较。

【操作步骤】

1. 新建一个标准工程。

2. 选中窗体，并将窗体的【AutoReDraw】属性设为 "True"。

3. 为窗体添加 Click 事件，并新增如下代码：

```
Private Sub Increase(x As Integer)
    x = x + 1
End Sub


Private Sub Decrease(ByVal x As Integer)
    x = x - 1
End Sub


Private Sub Form_Click()
    Dim i As Integer, j As Integer
    i = 1000
    Increase i
    Print i
    j = 1000
    Decrease j
    Print j
End Sub
```

4. 保存工程，单击工具栏中的 ▶ 按钮，运行程序。在窗口任意处单击鼠标，输出运算结果，如图 7-8 所示。

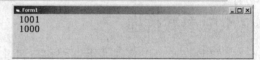

5. 单击工具栏中的 ■ 按钮，停止程序。

图7-8 【例 7-3】显示结果

【知识链接】

(1) 按值传递时，形参值的改变不影响到主程序中实参值的改变。如例 7-3 中，变量 j 是按值传递的，因此虽然在过程中 j 的值减 1，但不影响主程序中 j 的值，仍为 1000。按址传递时，主程序中实参值会随着形参值的改变而改变。如例 7-3 中，变量 i 是按址传递的，在过程中 i 的值加 1，主程序中 i 的值也加 1，为 1001。

(2) 在使用参数时，务必记住实参的数据类型和个数必须和形参的一致，否则程序会出错。

(3) 形参是数组、自定义类型数据时只能用按址方式传递；另外，如果要将过程中的结果返回给主过程，则形参必须是传址方式。除了以上两种情况，一般应采用按值传递。

7.2 案例 1 —— 单击鼠标发声程序

在窗体上单击鼠标，发出一声 "滴答" 声；单击鼠标右键，发出两声 "滴答" 声；单击鼠标中键（如果有中键），发出三声 "滴答" 声。（提示：发出 "滴答" 声可用 Beep 语句实现。）

【操作步骤】

1. 新建一个标准工程。

2. 选中窗体，并将窗体的【AutoReDraw】属性设为 "True"。

3. 为窗体添加 Mouse_Down 事件，并新增如下代码：

```
Option Explicit
Private Sub Form_MouseDown(Button As Integer, Shift As Integer, X As
Single, Y As Single)
Dim n As Integer
'根据单击鼠标键的不同，执行不同次数的发声
Select Case Button
Case 1
n = 1
Case 2
n = 2
Case Else
n = 3
End Select
'调用发声程序
Call BeepSound(n)
End Sub

Public Sub BeepSound(ByVal n As Integer)
Dim i As Integer, j As Integer, k As Integer
'执行 n 次发声，n 由主程序给出
For i = 1 To n
  Beep
'执行空循环，将发声间隔拉开，否则由于时间间隔太短，听不出发出几次声音
  For j = 1 To 20000
    For k = 1 To 2000
    Next
  Next
Next
End Sub
```

4. 保存工程，单击工具栏中的 ▶ 按钮，运行程序。在窗口任意处单击鼠标，发出一声"滴答"声；单击鼠标右键，发出两声"滴答"声。

5. 单击工具栏中的 ■ 按钮，停止程序。

【案例小结】

在本案例中，子程序（Sub）过程是通过直接输入来建立的。完成代码行"Public Sub BeepSound(ByVal n As Integer)"的输入后，按 Enter 键，系统自动加上 End Sub 语句。如果子过程或子函数带有参数时，建议采用直接输入的方式完成子程序过程或函数过程的建立。

7.3 案例2——圆周长及面积计算程序

在窗体上单击鼠标，在弹出的输入对话框中输入半径，单击 确定 按钮，窗体上显示输入的半径值、周长和面积。

【操作步骤】

1. 新建一个标准工程。
2. 选中窗体，并将窗体的【AutoReDraw】属性设为 "True"。
3. 为窗体添加 Mouse_Down 事件，并新增如下代码：

```
Option Explicit
Const PI = 3.1416 '定义圆周率常量

Public Function CirL( ByVal r As Double)
CirL = 2 * PI * r  '显示圆的周长
End Function

Public Function CirA(ByVal r As Double)
CirA = 2 * PI * r ^ 2 '显示圆的周长
End Function

Private Sub Form_Click()
Dim myinput As String
Dim r As Double, area As Double, L As Double
myinput = InputBox("请输入圆的半径:", "数据输入窗口")
r = Val(myinput)
area = CirA(r)
L = CirL(r)
Form1.Print "圆的半径为" & r
Form1.Print "圆的周长为" & L
Form1.Print "圆的面积为" & area
End Sub

Private Sub Form_Load()
Form1.ForeColor = vbRed '将窗体显示文字的颜色改为红色
End Sub
```

4. 保存工程，单击工具栏中的 ▶ 按钮，运行程序。在窗体任意处单击鼠标，弹出输入对话框，如图7-9所示。
5. 输入半径后，单击 确定 按钮，窗体上显示输入的半径值、周长和面积，如图7-10所示。
6. 单击工具栏中的 ■ 按钮，停止程序。

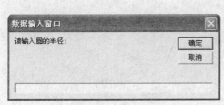

图7-9　输入对话框

图7-10　实例 2 显示结果

【案例小结】

在本案例中，函数过程也是通过直接输入来建立的。在程序中，如果要把函数过程的返回值赋给某个变量，则函数过程必须带括号。例如，本案例中面积是由函数过程计算得到的，并且面积值赋给了变量 area，因此函数过程需带上括号。

习题

一、填空题

1. 在窗体上添加一个命令按钮"Command1"，然后编写如下程序：

```
Public Sub M(x As Integer,y As Integer)As Integer
    If x>y Then
        M=x
    Else
        M=y
    End If
Print M
End Function
Private Sub command1_Click()
    Dim a As Integer,b As Integer
    a=100
    b=200
    M(a,b)
End Sub
```

程序运行后，单击命令按钮，输出结果为_____。

2. 假定有如下的 Function 过程：

```
Public Function S (x As Single,y As Single)
S=0.5*x*y
End Sub
```

在窗体上添加一个命令按钮，然后编写如下事件过程：

```
Private Sub Commandl_Click ( )
Dim a As Single
```

```
Dim b As Single
Dim area as Single
a =5
b =4
area=S(5,4)
Print area
End Sub
```

程序运行后，单击命令按钮，输出结果为_____。

3. 假定有如下的 Function 过程：

```
Public Sub Cha (x As Single,y As Single)
Dim t AS Single
If x>y then
    t=y
    x=t
    y=x
End
End Sub
```

在窗体上添加一个命令按钮，然后编写如下事件过程：

```
Private Sub Commandl_Click ( )
Dim a As Single
Dim b As Single
Dim area as Single
a =5
b =4
Cha(a,b)
Print a,b
End Sub
```

程序运行后，单击命令按钮，输出结果为_____。如果将代码行"Public Sub Cha(x As Single,y As Single)"改为"Public Sub Cha(ByVal x As Single, ByVal y As Single)"，则程序运行后，单击命令按钮，输出结果为_____。

二、简答题

1. Sub 过程和 Function 过程有何区别？各自如何声明？
2. 按址传递和按值传递有何区别？

第8章

菜单栏、工具栏设计

通过前 7 章的学习，读者可以设计出一些简单的界面，但这些界面有些单调，而且随着程序功能的不断增强，只使用控件来完成会使整个程序界面看起来比较拥挤，不够简化。为此需使用 Visual Basic 6.0 为用户提供的菜单栏和工具栏来简化、美化界面。

❖ 掌握菜单编辑器的使用方法。
❖ 掌握设计下拉式菜单、弹出式菜单的方法。
❖ 掌握设计工具栏的方法。

8.1 知识解析

通过第 1 章的学习，用户已经熟悉了 Visual Basic 6.0 主窗口中的菜单栏、工具栏。当在菜单栏中选择【视图】/【代码窗口】命令，或者直接单击工具栏中的按钮，便可以打开代码窗口。由此可以看出菜单栏、工具栏不仅可以简化、美化界面，而且还可以简化操作。

8.1.1 菜单栏设计

在 Visual Basic 6.0 中，菜单按出现位置的不同可分为下拉式菜单和弹出式菜单两种。下拉式菜单一般出现在菜单栏中，通过单击菜单项以下拉的方式打开。例如，在主界面中单击【文件】菜单，便下拉出如图 8-1 所示的菜单；弹出式菜单（也称快捷菜单）只有在单击鼠标右键时才出现，是一个上下相关的菜单。例如，在窗体上单击鼠标右键所弹出的菜单便是弹出式菜单，如图 8-2 所示。无论是哪种菜单，其设计都是通过【菜单编辑器】对话框来完成的。

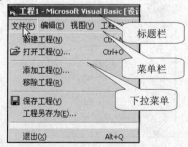

图8-1　Visual Basic 6.0 的菜单栏

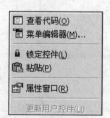

图8-2　弹出式菜单

【例8-1】 调用菜单编辑器。

【操作步骤】

1. 启动 Visual Basic 6.0，新建一个标准工程。
2. 选中窗体。
3. 选择【工具】/【菜单编辑器】命令，弹出如图 8-3 所示的【菜单编辑器】对话框。
4. 单击 ___取消___ 按钮，关闭【菜单编辑器】对话框。

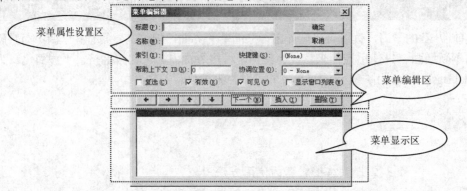

图8-3 【菜单编辑器】对话框

选中窗体，单击工具栏上的 按钮，也可以打开【菜单编辑器】对话框。

> 【菜单编辑器】对话框由 3 个部分构成，由上到下依次分为菜单属性设置区、菜单编辑区、菜单列表区 3 个区域，如图 8-3 所示。其中菜单属性设置区主要用来设置菜单的相关属性；菜单编辑区主要由按钮组成，用于菜单的新建、删除以及调整；菜单列表区主要用于菜单的显示。另外，在打开【菜单编辑器】对话框之前，必须先选中窗体，否则【工具】/【菜单编辑器】命令、 按钮都为灰色，表示不可用。

【例8-2】 新建一个菜单。

【操作步骤】

1. 启动 Visual Basic 6.0，新建一个标准工程。
2. 选中窗体，然后选择【工具】/【菜单编辑器】命令，弹出【菜单编辑器】对话框。
3. 在【菜单编辑器】对话框的【标题】文本框中输入"文件(&F)"，在【名称】文本框中输入"mnuFile"，单击 插入(I) 按钮，在菜单显示区中新增一个【文件（&F）】选项，如图 8-4 所示。
4. 单击 确定 按钮，返回窗体，在窗体的标题栏下面出现了菜单栏，如图 8-5 所示。

图8-4 新增菜单的【菜单编辑器】对话框

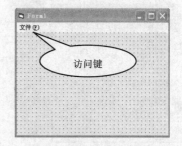

图8-5 新增菜单栏后的窗体

5.　保存工程后，退出程序。

【知识链接】

(1)　菜单的【标题】属性相当于控件的【Caption】属性，而【名称】属性和控件的【名称】属性一样不能为空字符。

(2)　和控件一样，菜单也可以有自己的访问键，例如在 Visual Basic 6.0 中，在键盘上直接按 Alt＋F 组合键便可以下拉出【文件】菜单。在设置【标题】属性时，只要在某个字母前加上"&"，便可以使其成为该菜单的访问键，并以下画线标示，如图 8-5 所示。在程序运行时，在键盘上直接按 Alt＋字母键便可以直接访问该菜单。

【例8-3】　新建一个下拉菜单。

【操作步骤】

1.　打开例 8-2 所建的标准工程。

2.　单击【工程】面板中的查看对象按钮，将窗体置于最顶层。

3.　选择【工具】/【菜单编辑器】命令，弹出【菜单编辑器】对话框。

4.　单击【菜单编辑器】对话框的 下一个(N) 按钮，新建一个空白的菜单。

5.　在【标题】文本框中输入"退出(&E)"，在【名称】文本框中输入"mnuFileExit"，单击 插入(I) 按钮，在菜单显示区中新增一个【退出(&E)】选项，如图 8-6 所示。

6.　单击 确定 按钮，返回窗体，在菜单栏中多出一个并排菜单，如图 8-7 所示。

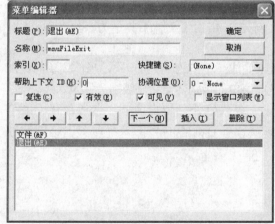

图8-6　新增菜单后的【菜单编辑器】对话框

图8-7　新增菜单栏后的窗体

7.　选择【工具】/【菜单编辑器】命令，再次打开【菜单编辑器】对话框。

8.　在菜单显示区中，选择【退出(&E)】选项。

9.　单击【快捷键】列表框右端的箭头，在打开的下拉列表中选择【Ctrl + X】选项。

10.　单击 → 按钮，菜单显示区中的【退出(&E)】选项前多出一个内缩符号"...."，如图8-8 所示。

11.　单击 确定 按钮，返回窗体，菜单栏中将不再显示【退出】菜单。

12.　在主窗口中单击【文件】菜单，便下拉出【退出】菜单，如图 8-9 所示。

13.　单击工具栏上的 ▶ 按钮，运行程序。

14.　在键盘上直接按 Alt+F 组合键，便可以直接打开【退出】下拉菜单。

15.　保存工程，退出程序。

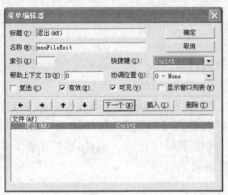

图8-8　新增菜单后的【菜单编辑器】对话框

图8-9　【退出】下拉菜单

【知识链接】

(1) 菜单还可以有自己唯一的快捷键，例如在 Visual Basic 6.0 中，在键盘上直接按 Ctrl+S 组合键便可以实现保存的功能，和选择【文件】/【保存工程】命令的功能一样。快捷键的设置是通过设置【快捷键】属性来完成的，并直接显示在菜单标题后面，如图8-9所示。

(2) 菜单前面的内缩符号"...."是用来区分菜单级别的，菜单前面无内缩符号，表示此菜单为一级菜单；菜单前面有一个内缩符号"...."，表示此菜单为二级菜单；菜单前面有两个内缩符号"...."表示菜单为三级菜单，依次类推，将菜单分为 6 个级别。在默认情况下，一级菜单按新建的顺序依次显示在菜单栏上，单击一级菜单，下拉出来的菜单为二级菜单，依次类推，将菜单分为不同级别的菜单。如例 8-3 中的【文件】菜单为一级菜单，【退出】菜单为二级菜单。

(3) 菜单级别的调整通过 ← 按钮和 → 按钮来完成；单击 ← 按钮一次，当前菜单的级别升一级，级别最高为一级；单击 → 按钮一次，当前菜单的级别降一级，级别最低为六级。

(4) 菜单还有主次之分，如果一个菜单（除一级菜单外）是主菜单，当它含有子菜单时，则其右端会显示一个标示符 ▶，将鼠标指针悬浮在含有 ▶ 符号的菜单命令上，就能打开其所属的子菜单。

【例8-4】　弹出菜单设计。

【操作步骤】

1. 打开例 8-3 保存的标准工程。
2. 单击【工程】面板中的查看对象按钮，将窗体置于最顶层。
3. 选择【工具】/【菜单编辑器】命令，弹出【菜单编辑器】对话框。
4. 在菜单显示区中，选择【文件（&F）】选项。
5. 取消勾选【可见】复选框，如图8-10所示。
6. 单击 确定 按钮，返回窗体。主窗口中将不显示菜单栏。
7. 单击【工程】面板上面的查看代码图标，切换到代码窗口。
8. 单击对象列表框右端的箭头，打开对象下拉列表，选择【Form】选项。

图8-10　取消【可见】选项的勾选

9. 单击过程列表框右端的箭头，打开过程下拉列表，选择【MouseDown】选项，为窗体添加 MouseDown 事件。

10. 在代码窗口中增加如下阴影代码：

```
Private Sub Form_MouseDown(Button As Integer, Shift As Integer, X As Single, Y As Single)
'判断单击的是否是鼠标右键
    If Button = 2 Then
        PopupMenu mnuFile
    End If
End Sub
```

11. 保存工程，单击工具栏上的 ▶ 按钮，运行程序。

12. 在窗体上单击鼠标右键，弹出如图 8-11 所示的快捷菜单。

13. 单击工具栏上的 ■ 按钮，停止程序。

14. 单击【工程】面板中的查看对象按钮 圆，返回窗体。

15. 选择【工具】/【菜单编辑器】命令，弹出【菜单编辑器】对话框。

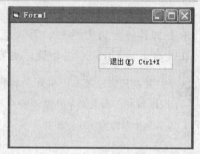

图8-11 弹出式菜单

16. 在菜单显示区中选择【文件（&F）】选项，勾选【可见】复选框。

17. 单击 确定 按钮，返回窗体。主窗口中的菜单栏被恢复显示。

18. 保存工程，退出程序。

【知识链接】

(1) 菜单的【有效】、【可见】属性和控件的【Enable】属性、【Visible】属性相对应，当选中这两个属性时，相当于将【Enable】属性、【Visible】属性设为 True；当不选中这两个属性时，相当于将【Enable】属性、【Visible】属性设为 False。

(2) 当某主菜单的【可见】属性为 False 时，在程序设计阶段所包含的子菜单都是不可见的，即使子菜单的【可见】属性为 True。如例 8-4 中，【文件】菜单的【可见】属性为 False 时，即使【退出】子菜单的【可见】属性为 True，仍不被显示出来。

(3) 弹出式菜单又称上下文菜单或快捷菜单，是独立于菜单栏而显示在窗体上的浮动菜单。要使某个主菜单（必须是含有子菜单的主菜单，否则程序会出错）成为弹出式菜单，可用 PopupMenu 方法。PopupMenu 方法的语法结构如下：

```
[object].PopupMenu menuname [,flags [,X [,Y [,boldcommand]]]]
```

由于 PopupMenu 方法只有一个必选的参数，因此常用以下最简单的形式：

```
PopupMenu 菜单名称
```

如例 8-4 中的 PopupMenu mnuFile。

(4) PopupMenu 方法显示的是主菜单中的子菜单，但主菜单本身并不被显示，并且 PopupMenu 方法每次只能打开一个弹出式菜单。如例 8-4 中，【文件】主菜单并没有被显示。

(5) 弹出式菜单通常是在用户单击鼠标右键时才出现，因此弹出式菜单的显示一般是在对象的 MouseDown 事件中完成。如例 8-4 中，弹出式菜单便是在窗体的 MouseDown 事件中完成。

【例8-5】 为菜单添加事件。

【操作步骤】

1. 打开例 8-4 保存的标准工程，将窗体置于最顶层。
2. 选择【文件】/【退出】命令，为【退出】子菜单添加 Click 事件。
3. 在代码窗口中增加如下阴影代码：

```
Private Sub mnuFileExit_Click()
    Unload Form1
End Sub
```

4. 保存工程，单击工具栏上的 ▶ 按钮，运行程序。
5. 选择【文件】/【退出】命令，退出程序的运行。
6. 单击工具栏上的 ▶ 按钮，再次运行程序。
7. 在键盘上按 Ctrl+X 组合键，也可以直接退出程序的运行。

> 菜单只响应 Click 事件。如果菜单在菜单栏中可见，在菜单栏上单击菜单便可以为其添加 Click 事件；如果菜单在菜单栏中不可见，则可以通过在代码窗口的对象列表框中选择相应菜单的名称为其添加 Click 事件。

8.1.2 工具栏设计

工具栏不仅可以美化界面，而且还可以简化操作，它一般显示在菜单栏下面，由一些命令按钮组成，并且每个按钮上都有图标。通常，每个命令按钮都有相应的菜单命令与之对应，可看做是相应菜单命令的快捷方式。例如，在 Visual Basic 6.0 中，工具栏上的 ▣ 按钮便是【工具】/【菜单编辑器】命令的快捷按钮，单击 ▣ 按钮也可以直接打开【菜单编辑器】对话框。在 Visual Basic 6.0 中，工具栏的设计也是通过专门的工具条控件来完成的。

【例8-6】 无图标工具栏设计。

【操作步骤】

1. 打开例 8-5 保存的工程，单击【工程】面板中的查看对象按钮 ▣，将窗体置于最顶层。
2. 选择【工程】/【部件】命令，弹出如图 8-12 所示的【部件】对话框。
3. 拖动【部件】对话框【控件】列表框右端的滚动条，让【Microsoft Windows Common Control 6.0】项显示出来，并将其勾选，如图 8-12 所示。
4. 单击 确定 按钮，关闭【部件】对话框，工具箱中新增如图 8-13 所示的控件。

图8-12 【部件】对话框

图8-13 工具箱新增的控件

5. 在工具箱中双击工具条控件 ，工具条控件自动添加到菜单栏下。

6. 在窗体上选中工具条控件，在【属性】面板中单击【BorderStyle】栏，在打开的下拉列表中选择【1-ccFixed Single】选项，工具条控件周围出现边框。

7. 在工具条控件上单击鼠标右键，弹出如图 8-14 所示的快捷菜单。

8. 选择【属性】命令，弹出如图 8-15 所示的【属性页】对话框。

9. 切换到【按钮】选项卡，【属性页】对话框变为如图 8-16 所示。

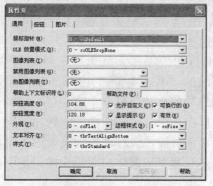

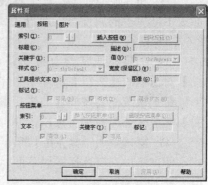

图8-14　快捷菜单　　　　　图8-15　【属性页】对话框（1）　　　　图8-16　【属性页】对话框（2）

10. 单击 插入按钮(N) 按钮，工具栏中多出一个按钮，如图 8-17 所示。

11. 在【标题】文本框中输入"退出"，在【工具提示文本】文本框中输入"关闭程序"，如图 8-18 所示。

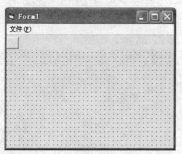

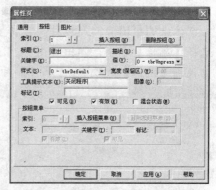

图8-17　添加按钮后的工具栏　　　　　　　图8-18　添加按钮后的【属性页】对话框

12. 单击 确定 按钮，返回窗体，便在窗体上创建了如图 8-19 所示的工具栏。

13. 保存工程，单击工具栏上的 ▶ 按钮，运行程序。

14. 将鼠标指针移动到窗体工具栏上的按钮处，在按钮右下角弹出如图 8-20 所示的提示。

图8-19　添加工具栏后的窗体　　　　　　　图8-20　工具栏按钮提示符

15. 单击工具栏上的 ■ 按钮，停止程序。

16. 再次保存工程，退出程序。

【知识链接】

(1) 由于工具条控件不是常用控件，并没有直接显示在工具箱中，因此必须另外添加，添加步骤见例 8-6 中的第 2～4 步。

(2) 和其他控件一样，工具条控件也有自己的属性，一些常用属性通常显示在【属性】面板中，更多的属性可以通过【属性页】对话框来查看。【属性页】对话框的打开可参照例 8-6 中的第 7、8 步。

(3) 工具栏通常含有按钮，而按钮的添加、编辑以及按钮属性的设置都是在【属性页】对话框的【按钮】选项卡中完成的。单击 插入按钮(N) 按钮一次，插入一个按钮。每插入一个按钮，系统便会按插入的先后顺序为每个按钮赋一个索引值，如图 8-18 所示。单击【索引】文本框旁边的左右按钮，便可以在各个按钮间切换，编辑和设置各个按钮的属性。

(4) 窗体添加工具条控件后，工具条控件会自动加到菜单栏下面，如果窗体上没有菜单栏，便直接加到窗体标题栏下面，并且宽度和窗体的宽度一样，是不可变的，高度和按钮高度一样。

【例8-7】 有图标工具栏设计。

【操作步骤】

1. 打开例 8-6 保存的工程，单击【工程】面板中的查看对象按钮 🔲，将窗体置于最顶层。

2. 在工具箱中，双击图像列表控件 🗐，向窗体中添加图像列表控件。

3. 在窗体上选中图像列表控件。在其上单击鼠标右键，弹出如图 8-14 所示的快捷菜单。

4. 选择【属性】命令，弹出如图 8-21 所示的【属性页】对话框。

5. 切换到【图像】选项卡，【属性】对话框变为如图 8-22 所示。

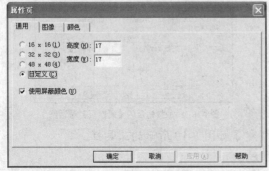

图8-21 【属性页】对话框（1）

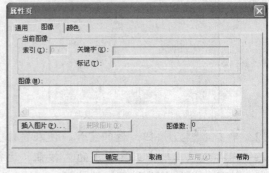

图8-22 【属性页】对话框（2）

6. 单击 插入图片(P)... 按钮，弹出如图 8-23 所示的【选定图片】对话框，将【查找范围】的路径设为 "D:\VB 程序\动手操作 8-7\图像资源"，在文件列表框中选择 "close.bmp" 文件。（注意：这个文件另附，并且假定这个文件存放在 "D:\VB 程序\动手操作 8-7\图像资源" 下。）

7. 单击 打开(O) 按钮，【属性页】对话框变为如图 8-24 所示（记住【索引】文本框中的数字）。

8. 单击【属性页】对话框中的 确定 按钮，返回窗体。

9. 在窗体上选中工具条控件，在其上单击鼠标右键，在弹出的快捷菜单中选择【属性】命令，弹出如图 8-24 所示的【属性页】对话框。

10. 单击【图像列表】列表框右端的箭头，从下拉列表中选择【ImageList1】选项，如图 8-25 所示。

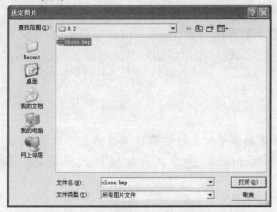

图8-23 【选定图片】对话框

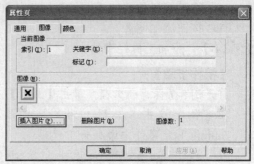

图8-24 插入图片后的【属性页】对话框

11. 切换到【按钮】选项卡，如图 8-18 所示。

12. 删除【标题】文本框中的文本"退出"，在【图像】文本框中输入第 7 步【索引】文本框中的数字"1"。

13. 单击【属性页】对话框中的 确定 按钮，返回窗体，工具栏变为如图 8-26 所示。

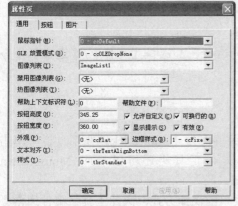

图8-25 选择图像列表后的【属性页】对话框

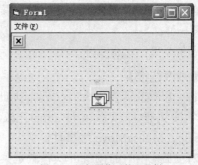

图8-26 添加图像后的工具栏

14. 保存工程，单击工具栏上的 ▶ 按钮，运行程序。

15. 将鼠标指针移动到窗体工具栏上的按钮处，在按钮右下角弹出如图 8-27 所示的提示。

16. 单击工具栏中的 ■ 按钮，停止程序。

17. 再次保存工程，退出程序。

【知识链接】

(1) 由于工具栏上的按钮是含有图像的按钮，因此在创建工具栏之前，必须先创建一个装图像的"容器"，以便装

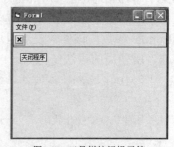

图8-27 工具栏按钮提示符

下按钮所要使用的图像，即图像列表控件 。和工具条控件一样，图像列表控件也没有直接显示在工具箱中。向工具箱中添加工具条控件的同时，也同时添加了图像列表控件。

(2) 图像列表控件 的大小是不能改变的，在程序运行的过程中，并没有显示在窗体上。

（3）和其他控件一样，工具条控件也有自己的属性，一些常用属性通常显示在【属性】面板中，而更多的属性可以通过【属性页】对话框来查看。图像列表控件中图像的添加是在【属性页】对话框的【图像】选项卡中完成的，具体步骤见例 8-7 的第 5~7 步。在向图像列表控件中添加图像时，系统会按添加的顺序为每个图像赋一个"索引"值，如图 8-24 所示。

（4）将工具栏按钮的【图像】属性值和图像列表控件中图像的索引值对应起来，便可以为工具栏按钮添加图像。

【例8-8】 添加工具栏事件。

【操作步骤】

1. 打开例 8-7 保存的工程，单击【工程】面板中的查看对象按钮，将窗体置于最顶层。
2. 在窗体上双击工具栏，为工具栏添加 ButtonClick 事件，并切换到代码窗口，在 ButtonClick 事件中添加如下代码：

```
Private Sub Toolbar1_ButtonClick(ByVal Button As MSComctlLib.Button)
    Select Case Button.Index
        Case 1
            '单击工具栏上的第一个按钮，执行"退出"菜单的Click事件
            mnuFileExit_Click
    End Select
End Sub
```

3. 保存工程，单击工具栏中的 ▶ 按钮，运行程序。
4. 单击窗体工具栏上的⊠按钮，直接退出程序的运行，和选择【文件】/【退出】命令效果一样。
5. 保存工程，退出程序。

【知识链接】

（1）由于工具栏中含有按钮，因此工具栏常用事件为 ButtonClick。在工具栏中单击任何一个按钮便可以激发 ButtonClick 事件。另外，工具栏还可以响应 MouseDown、MouseUp、MouseMove 等事件。

（2）工具栏中的按钮可以看做是菜单栏相应菜单的快捷方式，因此工具栏事件通常都和菜单事件相对应。如例 8-8 中，⊠按钮和【文件】/【退出】命令相对应。

（3）由于工具栏上含有多个按钮，因此在为其添加 ButtonClick 事件时，还带有一个 Button 参数，该参数表示用户所单击的按钮，用户可根据 Button 参数来选择所要执行的操作，所使用的语法结构如下：

```
Select Case Button.Index
    Case 1
所要执行的操作代码
    Case 2
所要执行的操作代码
⋮
End Select
```

8.2 案例 1 —— 简单文本编辑器下拉式菜单设计

设计如图 8-28 所示的简单文本编辑器，其菜单栏的结构如图 8-29 所示，并实现以下功能。

- 选择【字体】/【样式】菜单中的【宋体】或【隶书】命令，改变文本框中汉字的样式。当【样式】菜单的某子菜单被选择时，在其前面显示选中符号"✔"。
- 选择【字体】/【大小】菜单中的【16】或【24】命令，改变文本框中汉字的大小。
- 选择【字体】/【颜色】菜单中的【红色】、【蓝色】或【黑色】命令，改变文本框中汉字的颜色。
- 默认情况下，【编辑】菜单的子菜单不可用，即为灰色。当文本框中有文字输入后，【编辑】菜单的子菜单便为可用。
- 选择【编辑】/【复制】命令，或在键盘上直接按 Ctrl + C 组合键，可实现复制的功能。
- 选择【编辑】/【剪切】命令，或在键盘上直接按 Ctrl + X 组合键，可实现剪切的功能。
- 选择【编辑】/【粘贴】命令或在键盘上直接按 Ctrl + V 组合键，可实现粘贴的功能。

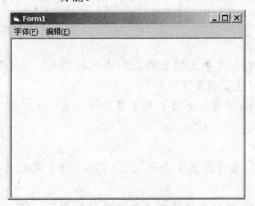

图8-28 文本编辑器界面

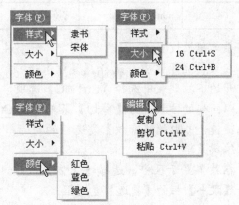

图8-29 菜单栏结构

【操作步骤】

1. 界面设计。
(1) 新建一个标准工程，向窗体中添加一个文本框控件，将控件的【名称】属性设为"txtText"，删除【Text】属性中的"Text1"。
(2) 将【MultiLine】属性设为"True"，并调整文本框的大小。
2. 启动菜单编辑器。
(1) 选中窗体。
(2) 选择【工具】/【菜单编辑器】命令，弹出【菜单编辑器】对话框。
3. 新建菜单。

(1) 在【菜单编辑器】对话框的【标题】文本框中输入"字体(&F)"，在【名称】文本框中输入"mnuFont"。

(2) 单击【菜单编辑器】对话框的 下一个(N) 按钮，新建下一个菜单，并设置菜单的有关属性。在【标题】文本框中输入"样式"，在【名称】文本框中输入"mnuFontStyle"。

(3) 重复第 2 步，按表 8-1 所示的顺序新建所有的菜单，并为每个菜单命名。新建所有菜单后，【菜单编辑器】对话框如图 8-30 所示。

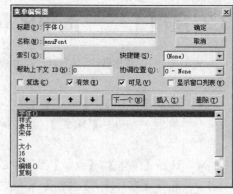

图8-30　生成所有菜单后的【菜单编辑器】对话框

表 8-1　　　　　　　　　　　各菜单项属性

标题	名称	标题	名称	标题	名称
宋体(&F)	mnuFontStyle1	24	mnuFontSize2	黑色	mnuFontColor3
隶书	mnuFontStyle2	—	mnuFontSeprator2	编辑（&E）	mnuEdit
—	mnuFontSeprator1	颜色	mnuFontColor	复制	mnuEditCopy
大小	mnuFontSize	红色	mnuFontColor1	剪切	mnuEditCut
16	mnuFontSize1	蓝色	mnuFontColor2	粘贴	mnuEditPaste

4. 菜单属性设置。

(1) 在菜单显示区中，选择【复制】选项，然后单击【快捷键】列表框右端的箭头，在打开的下拉列表中选择【Ctrl + C】选项，并取消【有效】复选框的勾选。

(2) 以同样的方式，为【剪切】菜单添加 Ctrl + X 快捷键，为【粘贴】菜单添加 Ctrl + V 快捷键，并取消【有效】复选框的勾选。

5. 编辑菜单。

(1) 在菜单显示区中，选择【宋体】选项，然后勾选【复选】复选框。以同样的方式勾选【隶书】栏的【复选】复选框。

(2) 在菜单显示区中，选择【样式】选项，单击 → 按钮，将【样式】菜单的级别降一级，成为二级菜单。

(3) 单击 下一个(N) 按钮，将鼠标指针从【样式】菜单移动到【宋体】菜单上，选中该菜单，然后单击 → 按钮两次，将【宋体】菜单的级别降为三级，成为【样式】菜单的子菜单。

(4) 以同样的方法调整其他菜单项的级别，菜单级别如表 8-2 所示，调整菜单级别后的【菜单编辑器】对话框如图 8-31 所示。

(5) 在菜单显示区中，选择【宋体】选项，然后单击 ↓ 按钮，将【宋体】菜单向下移动一个位置。

(6) 单击【菜单编辑器】对话框中的 确定 按钮，返回窗体，便会在主窗体上生成如图 8-32 所示的菜单栏。

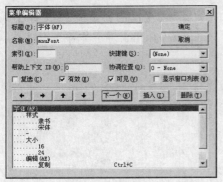

图8-31　调整级别后的【菜单编辑器】对话框

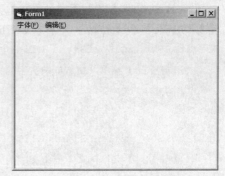

图8-32　生成菜单栏后的窗体

表 8-2　　　　　　　　　　　　　菜单级别

菜单	级别	菜单	级别
一	二级菜单	编辑	一级菜单
大小	二级菜单	复制	二级菜单
16	三级菜单	剪切	二级菜单
24	三级菜单	粘贴	二级菜单

6. 添加菜单事件。

(1) 在窗体中，选择【字体】/【样式】/【隶书】命令，系统自动为【隶书】菜单添加 Click 事件，并将窗口切换到代码窗口。

(2) 在【隶书】菜单的 Click 事件中添加如下代码：

```
Private Sub mnuFontStyle2_Click()
    '单击【隶书】菜单，文本框中文字的样式为隶书
    txtText.FontName = "隶书"
    '单击【隶书】菜单，去掉【宋体】菜单前面的选中符号
    mnuFontStyle1.Checked = False
    '单击【隶书】菜单，在其前面添加选中符号
    mnuFontStyle2.Checked = True
End Sub
```

(3) 单击【工程】面板上面的查看对象图标 ▦，返回窗体。

(4) 选择【字体】/【样式】/【宋体】命令，为【宋体】菜单添加 Click 事件，在【宋体】菜单的 Click 事件中添加如下代码：

```
Private Sub mnuFontStyle1_Click()
    '单击【宋体】菜单，文本框中文字的样式为宋体
    txtText.FontName = "宋体"
    '单击【宋体】菜单，在其前面添加选中符号
    mnuFontStyle1.Checked = True
    '单击【宋体】菜单，去掉【隶书】菜单前面的选中符号
    mnuFontStyle2.Checked = False
End Sub
```

(5) 以同样的方式为【16】菜单、【24】菜单、【红色】菜单、【蓝色】菜单、【复制】菜单、【剪切】菜单和【粘贴】菜单添加 Click 事件，并在相应的 Click 事件中添加如下代码：

```vb
Private Sub mnuFontSize1_Click()
    '单击【16】菜单，文本框中文字的大小为 16
    txtText.FontSize = 16
End Sub

Private Sub mnuFontSize2_Click()
    '单击【24】菜单，文本框中文字的大小为 24
    txtText.FontSize = 24
End Sub

Private Sub mnuFontColorBlue_Click()
'将字体变为蓝色
txtText.ForeColor = vbBlue
End Sub

Private Sub mnuFontColorGreen_Click()
'将字体变为绿色
txtText.ForeColor = vbGreen
End Sub

Private Sub mnuFontColorRed_Click()
'将字体变为红色
txtText.ForeColor = vbRed
End Sub

Private Sub mnuEditCopy_Click()
'复制文本框中被选中的内容
Clipboard.SetText txtText.SelText
End Sub

Private Sub mnuEditCut_Click()
'剪切文本框中被选中的内容
Clipboard.SetText txtText.SelText
txtText.SelText = ""
End Sub

Private Sub mnuEditPaste_Click()
'粘贴被复制或被剪切的内容
txtText.SelText = Clipboard.GetText()
End Sub
```

(6) 单击【工程】面板上面的查看对象图标，返回窗体。
(7) 双击文本框控件，为文本框控件添加 Change 事件，窗口自动切换到代码窗口，在

Change 事件中添加如下代码：

```
Private Sub txtText_Change()
    '【编辑】菜单的子菜单可用
    mnuEditCut.Enabled = True
    mnuEditCopy.Enabled = True
    mnuEditPaste.Enabled = True
End Sub
```

(8) 选择【文件】/【保存】命令或直接在工具栏中单击【保存】按钮，保存工程，将工程命名为"案例 8-1"。

7. 运行程序。

(1) 运行程序，单击【编辑】菜单，打开其下拉子菜单，此时【编辑】菜单的子菜单都为灰色，表示不可用。

(2) 在键盘上直接按 Alt + F 组合键，这时直接打开【字体】菜单的下拉子菜单。

(3) 单击文本框，让光标落在文本框中，然后在文本框中输入"Visual Basic 6.0 可视化编程"后，分别选择【字体】/【样式】/【隶书】命令、【字体】/【样式】/【宋体】命令、【字体】/【大小】/【16】命令和【字体】/【大小】/【24】命令，测试各个菜单事件。

(4) 再次单击【编辑】菜单，其子菜单变为可用。

(5) 在文本框中，选中"Visual Basic 6.0 可视化编程"，然后先选择【编辑】/【复制】命令或直接按 Ctrl + C 组合键，再选择【编辑】/【粘贴】命令或按 Ctrl + V 组合键，察看其效果。

(6) 单击工具栏上的 ■ 按钮，停止程序。

【案例小结】

在设计菜单时，必须很好地控制菜单的状态，整体规划菜单的结构。总体来说，创建菜单栏一般有以下 7 个步骤。

(1) 规划菜单结构。

(2) 启动菜单编辑器。

(3) 为菜单命名。

(4) 为相关菜单设置访问键、快捷键。

(5) 编辑调整菜单级别。

(6) 生成菜单栏。

(7) 添加菜单事件以及编写代码。

以上步骤不一定要按顺序严格执行，也可以第 3、4、5 步同时进行，但对于初学者，最好是按上面的步骤来设计菜单栏。

8.3 案例 2 —— 简单文本编辑器弹出式菜单设计

在案例 1 的基础上，让【编辑】菜单的子菜单成为弹出式菜单，必须在文本框中单击鼠标右键时才弹出，如图 8-33 所示。在弹出式菜单中选择某个菜单命令，同样可以实现对应的功能。

```
复制 Ctrl+C
剪切 Ctrl+X
粘贴 Ctrl+V
```

图8-33 弹出式菜单

【操作步骤】

1. 打开案例 1 保存的工程，单击【工程】面板中的查看对象按钮 ，将窗体置于最顶层。

2. 单击【工程】面板上面的查看代码图标 ，切换到代码窗口。

3. 单击代码窗口的对象列表框右端的箭头，打开对象下拉列表，选择【txtText】选项。然后单击过程列表框右端的箭头，打开过程下拉列表，选择【MouseDown】选项，为文本框添加 MouseDown 事件。

4. 在文本框的 MouseDown 事件中添加如下阴影代码：

```
Private Sub txtText_MouseDown(Button As Integer, Shift As Integer, X
As Single, Y As Single)
'判断单击的是否是右键
        If Button = 2 Then
           '单击右键，显示【编辑】菜单的子菜单
           txtText.Enabled = False
           txtText.Enabled = True
           PopupMenu mnuEdit
        End If
End Sub
```

5. 保存工程后，单击工具栏上的 ▶ 按钮，运行程序。

6. 在文本框中输入 "Visual Basic 6.0 可视化编程" 后，然后选中输入的文字，单击鼠标右键，打开弹出式菜单，在其中选择【剪切】命令，文字被剪切，再选择【粘贴】命令，文字又被粘贴回来。

7. 单击工具栏上的 ■ 按钮。保存工程后，退出程序。

【案例小结】

和下拉式菜单一样，弹出式菜单的设计也是通过【菜单编辑器】对话框来完成的。只有含有子菜单的主菜单才能通过 PopupMenu 方法使其成为弹出式菜单，并且弹出的菜单中只显示子菜单，而不显示主菜单本身。

8.4 案例 3 —— 简单文本编辑器工具栏设计

为案例 2 新增如图 8-34 所示的工具栏；单击工具栏的 按钮，可实现【复制】菜单命令的功能；单击 按钮，可实现【剪切】菜单命令的功能；单击 按钮，可实现【粘贴】菜单命令的功能。

【操作步骤】

1. 打开案例 2 保存的工程，单击【工程】面板中的查看对象按钮 ，将窗体置于最顶层。

2. 选中文本框，将【Heigh】属性值设为原来的一半。

3. 选择【工程】/【部件】命令，弹出【部件】对话框。

图8-34 增加工具栏的文本编辑器

4. 拖动【部件】对话框【控件】列表框右端的滚动条，让【Microsoft Windows Common Control 6.0】项显示出来，并将其勾选。

5. 单击 确定 按钮，关闭【部件】对话框，向工具箱中添加工具条和图像列表控件。

6. 在工具箱中分别双击工具条控件、图像列表控件，向窗体中添加工具条控件、图像列表控件。

7. 在窗体上选中图像列表控件。在其上单击鼠标右键，在弹出的菜单中选择【属性】命令，弹出图像列表控件的【属性页】对话框。

8. 切换到【图像】选项卡。单击 插入图片(P)... 按钮，弹出【选定图片】对话框，将【查找范围】的路径设为"D:\VB 程序\案例 8-3\图片"，在文件列表框中选择"复制.bmp"文件，然后按住 Ctrl 键，依次单击"剪切.bmp"、"粘贴.bmp"两个文件，将这 3 个文件都选中，如图 8-35 所示。（注意：这 3 个文件另附，并且假定这 3 个文件存放在"D:\VB 程序\案例 8-3\图片"下。）

9. 单击 打开(O) 按钮，【属性页】对话框变为如图 8-36 所示。单击【图像】列表框中的每个图标，并记住【索引】栏中对应的数字。

10. 单击【属性页】对话框中的 确定 按钮，返回窗体。

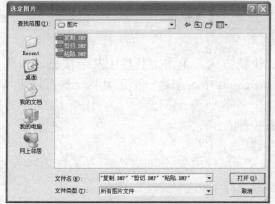

图8-35 【选定图片】对话框

图8-36 插入图片后的【属性页】对话框

11. 在窗体上选中工具条控件，在其上单击鼠标右键。在弹出的菜单中选择【属性】命令，弹出工具条控件的【属性页】对话框。

12. 单击【图像列表】栏右端的箭头，从下拉列表中选择【ImageList1】选项。

13. 单击【边框样式】栏右端的箭头，从下拉列表中选择【1-ccFixed Single】选项。

14. 切换到【按钮】选项卡。单击 插入按钮(N) 按钮，向工具栏中添加一个按钮，在【工具提示文本】文本框中输入"复制"，在【图像】文本框中输入"1"。

15. 再次单击 插入按钮(N) 按钮，向工具栏中再添加第 2 个按钮，在【工具提示文本】文本框中输入"剪切"，在【图像】文本框中输入"2"。

16. 再次单击 插入按钮(N) 按钮，向工具栏中添加第 3 个按钮，在【工具提示文本】文本框中输入"粘贴"，在【图像】文本框中输入"3"。

17. 单击 确定 按钮，返回窗体，便在窗体上创建了如图 8-34 所示的工具栏。

18. 在窗体上双击工具条控件，为其添加 ButtonClick 事件，并在 ButtonClick 事件中添加如下代码：

```
Private Sub Toolbar1_ButtonClick(ByVal Button As MSComctlLib.Button)
'根据单击工具栏按钮的不同，执行对应菜单的功能
Select Case Button.Index
        Case 1
        mnuEditCopy_Click
        Case 2
            mnuEditCut_Click
        Case 3
        mnuEditPaste_Click
    End Select
End Sub
```

19. 保存工程后，单击工具栏上的 ▶ 按钮，运行程序。

20. 在文本框中输入 "Visual Basic 6.0 可视化编程" 后，然后选中输入的文字，单击工具栏中的 ✂ 按钮，可实现【剪切】菜单命令的功能；单击 ▣ 按钮，可实现【粘贴】菜单命令的功能。

21. 单击工具栏上的 ■ 按钮，停止程序。保存工程后，退出程序。

【案例小结】

工具栏上的按钮可看做是相应菜单命令的快捷方式，单击工具栏中某个按钮，和选择对应菜单命令的效果是一样的。在 Visual Basic 6.0 中，创建一个工具栏一般有以下 4 个步骤。

(1) 向工具箱中添加图像列表控件和工具条控件。

(2) 用图像列表控件创建一个装图像的"容器"。

(3) 用工具条创建工具栏。

(4) 添加工具栏事件，让工具栏按钮和菜单对应起来。

8.5 案例 4 —— 简单记事本设计

设计一个简单的文本记事本界面，如图 8-37 所示，为记事本设计菜单栏和工具栏，并让文本框具有简单的文本编辑功能，具体要求如下。

(1) 为记事本设计如图 8-38 所示的菜单栏。

图8-37 记事本界面

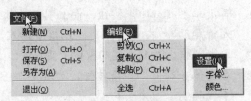

图8-38 菜单栏结构

(2) 在【编辑】弹出式菜单中，选择【编辑】/【剪切】命令或按 Ctrl＋X 组合键，可以实现剪切功能；选择【编辑】/【复制】命令或按 Ctrl＋C 组合键，可以实现复制功能；选择【编辑】/【粘贴】命令或按 Ctrl＋V 组合键，可以实现粘贴功能；选择【编辑】/【全选】命令或按 Ctrl＋A 组合键，实现全选的功能。

(3) 当文本框中有文字输入时，【剪切】、【复制】、【粘贴】和【全选】子菜单可用，否则这 4 个子菜单都不可用。

(4) 在文本框中单击鼠标右键，弹出【编辑】菜单的子菜单。

(5) 为记事本设计如图 8-39 所示的工具栏，并让工具栏按钮与相应菜单命令对应起来。

图8-39　工具栏

【操作步骤】

1. 新建一个标准工程。
2. 按案例 3 的步骤向工具箱中添加工具条、图像列表等控件。
3. 向窗体中添加一个文本框控件，并将文本框控件的【名称】属性设为 "txtText"，删除【Text】属性中的 "Text1"，然后将【MultiLine】属性设为 "True"，【ScrollBars】属性设为 "3-Both"。
4. 选中窗体，然后选择【工具】/【菜单编辑器】命令，弹出【菜单编辑器】对话框。
5. 按表 8-3 来设置菜单项，【菜单编辑器】对话框最终样式如图 8-40 所示。

表 8-3　　　　　　　　　　　　　　　　菜单属性

序号	属性	属性值	级别	说明
1	【标题】	文件(&F)	一级菜单	
	【名称】	mnuFile		
2	【标题】	新建(&N)	二级菜单，【文件】菜单的子菜单	用于新建一个文本文件
	【名称】	mnuFileNew		
	【快捷键】	Ctrl＋N		
3	【标题】	—	二级菜单	
	【名称】	mnuSeprator1		
4	【标题】	打开(&O)	二级菜单，【文件】菜单的子菜单	用于打开一个文本文件
	【名称】	mnuFileOpen		
	【快捷键】	Ctrl＋O		
5	【标题】	保存(&S)	二级菜单，【文件】菜单的子菜单	用于保存文本文件
	【名称】	mnuFileSave		
	【快捷键】	Ctrl＋S		
6	【标题】	另存为(&A)	二级菜单，【文件】菜单的子菜单	用于另存文本文件
	【名称】	mnuFileSaveAs		
7	【标题】	—		
	【名称】	mnuSeprator2		

序号	属性	属性值	级别	说明
8	【标题】	退出(&Q)	二级菜单，【文件】菜单的子菜单	用于退出主程序
	【名称】	mnuFileQuit		
9	【标题】	编辑(&E)	一级菜单	
	【名称】	mnuEdit		
	【可见】	False		
10	【标题】	剪切(&C)	二级菜单，【编辑】菜单的子菜单	用于剪切文本框中的文字
	【名称】	mnuEditCut		
	【快捷键】	Ctrl+X		
11	【标题】	复制(&C)	二级菜单，【编辑】菜单的子菜单	用于复制文字
	【名称】	mnuEditCopy		
	【快捷键】	Ctrl+C		
12	【标题】	粘贴(&P)	二级菜单，【编辑】菜单的子菜单	用于粘贴文字
	【名称】	mnuEditPaste		
	【快捷键】	Ctrl+V		
13	【标题】	—		
	【名称】	mnuSeprator3		
14	【标题】	全选	二级菜单，【编辑】菜单的子菜单	将文本框中的所有文字全部选中
	【名称】	mnuEditAll		
	【快捷键】	Ctrl+A		
15	【标题】	设置(&U)	一级菜单	
	【名称】	mnuSet		
16	【标题】	字体…	二级菜单，【字体】菜单的子菜单	用于设置文本框中文字的字体
	【名称】	mnuSetFont		
17	【标题】	颜色…	二级菜单，【字体】菜单的子菜单	用于设置文本框中文字的颜色
	【名称】	mnuSetColor		

6. 单击【菜单编辑器】对话框中的 确定 按钮，生成菜单栏。

7. 在工具箱中，双击图像框控件 ，向窗体中添加图像列表控件；双击工具条控件 ，向窗体中添加工具条控件，并调整文本框的大小至如图 8-41 所示。

8. 在窗体上选中图像列表控件，然后在其上单击鼠标右键，从弹出的快捷菜单中选择【属性】命令，弹出图像列表控件的【属性页】对话框。

9. 切换到【图像】选项卡，单击 插入图片(P)… 按钮，弹出【选定图像】对话框，将【查找范围】的路径改为 "D:\VB 程序\ 案例 8-4\图片"，在文件列表框中选择 "复制.bmp" 文件，然后按住 Ctrl 键，依次单击 "剪切.bmp"，"字体.bmp"，"新建.bmp"，"打开.bmp"，"粘贴.bmp" 和 "保存.bmp" 文件，将 7 个文件都选中，如图 8-42 所示。（这 7 个文件另附，并且假定这 7 个图像文件存在 "D:\VB 程序\案例 8-4\图片" 下。）

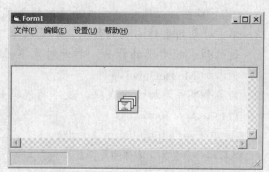

图8-40　【菜单编辑器】对话框的最终样式　　　　　　　图8-41　调整后的窗体

10. 单击 打开(O) 按钮，这时在【图像】列表框中就会显示所选的 7 个文件所存储的图像，
    如图 8-43 所示。单击某个图像便可以查看其对应索引（务必要记住每个图像所对应的
    索引值）。

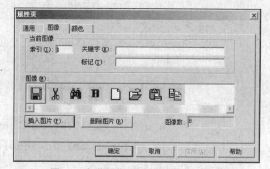

图8-42　选定图像文件　　　　　　　　　图8-43　加载图像后的【属性页】对话框

11. 单击【属性页】对话框中的 确定 按钮，返回窗体。

12. 在窗体上选中工具条控件，并在其上单击鼠标右键，从弹出的快捷菜单中选择【属性】
    命令，弹出工具条控件的【属性页】对话框。单击【图像列表】栏右端的箭头，从下
    拉列表中选择【ImageList1】选项。

13. 切换到【按钮】选项卡。单击 插入按钮(N) 按钮，便向工具栏中加入一个按钮，在【工具提
    示文本】文本框中输入"新建"，在【图像】文本框中输入"4"。

14. 重复第 13 步，向工具栏中添加另外 6 个按钮，并按表 8-4 设置按钮的有关属性。（注
    意：按钮的图像索引值必须和第 10 步中图像列表控件的图像索引值对应起来。）

表8-4　　　　　　　　　　　　　按钮的有关属性

按钮索引	工具提示文本	图像	按钮索引	工具提示文本	图像
2	打开	5	5	复制	7
3	保存	1	6	粘贴	6
4	剪切	2	7	字体	3

15. 单击 确定 按钮，便创建了如图 8-39 所示的工具栏。

16. 单击【工程】面板的查看对象图标 ▣，返回窗体，并双击窗体空白处，为窗体添加 Load
    事件。以同样的方式为文本框添加 Change 事件，为工具栏添加 ButtonClick 事件。

17. 单击【工程】面板的查看代码图标 ▣，将窗口切换到代码窗口，单击对象列表框右端的
    箭头，打开对象下拉列表，从中选择【mnuEditCopy】选项，为【复制】菜单添加

Click 事件。以同样的方式为【编辑】菜单的所有子菜单添加 Click 事件。

18. 单击对象列表框右端的箭头，打开对象下拉列表，从中选择【txtText】选项。然后单击过程列表框右端的箭头，打开对象下拉列表，从中选择【MouseDown】选项，为文本框添加 MouseDown 事件。

19. 为各个事件添加响应代码，最终的代码如下：

```vb
Option Explicit
Private Sub Form_Load()
    '初始化窗体的位置及大小
    With Form1
        .Left = 0
        .Top = 0
        .Width = Screen.Width
        .Height = Screen.Height - 400
    End With
    '初始化文本框的位置及大小
    With txtText
        .Left = Form1.ScaleLeft
        .Top = Form1.ScaleTop + 450
        .Width = Form1.ScaleWidth
        .Height = Form1.ScaleHeight - 800
    End With
    Form1.Caption = "Untitled"
    '【编辑】菜单的子菜单不可用
    mnuEditCut.Enabled = False
    mnuEditCopy.Enabled = False
    mnuEditPaste.Enabled = False
    mnuEditAll.Enabled = False
End Sub

Private Sub mnuEditAll_Click()
    '文本框中的内容全被选中
    txtText.SelStart = 0
    txtText.SelLength = Len(txtText.text)
End Sub

Private Sub mnuEditCopy_Click()
    '复制文本框中被选中的内容
    Clipboard.SetText txtText.SelText
End Sub

Private Sub mnuEditCut_Click()
```

```
        '剪切文本框中被选中的内容
        Clipboard.SetText txtText.SelText
        txtText.SelText = ""
    End Sub

    Private Sub mnuEditPaste_Click()
        '粘贴被复制或被剪切的内容
        txtText.SelText = Clipboard.GetText()
    End Sub

    Private Sub Toolbar1_ButtonClick(ByVal Button As MSComctlLib.Button)
        Select Case Button.Index
        Case 4
            mnuEditCut_Click
        Case 5
            mnuEditCopy_Click
        Case 6
            mnuEditPaste_Click
        End Select
    End Sub

    Private Sub txtText_Change()
        '【编辑】菜单的子菜单可用
        mnuEditCut.Enabled = True
        mnuEditCopy.Enabled = True
        mnuEditPaste.Enabled = True
        mnuEditAll.Enabled = True
    End Sub

    Private Sub txtText_MouseDown(Button As Integer, Shift As Integer,
X As Single, Y As Single)
        If Button = 2 Then
        '单击鼠标右键，显示【颜色】菜单的子菜单
            txtText.Enabled = False
            txtText.Enabled = True
            PopupMenu mnuEdit
        End If
    End Sub
```

20. 保存工程，单击工具栏上的 ▶ 按钮，运行程序。【编辑】菜单的子菜单都为灰色，表示不可用。在文本框中输入内容，这时【编辑】菜单的子菜单变为可用。

21. 选择【编辑】/【全选】命令或按 Ctrl + A 组合键，这时文本框中所输入的内容全被选中；然后选择【编辑】/【剪切】命令或按 Ctrl + X 组合键，这时文本框中所输入的内

容被剪切掉；最后选择【编辑】/【粘贴】命令或按 Ctrl + V 组合键，这时文本框中所剪贴掉的内容又被恢复。

22. 单击工具栏中对应的按钮，同样可以实现文字的编辑功能。

23. 选择【文件】/【退出】命令，退出程序。

> 在此案例的基础上，增加字体和字体颜色选择功能，具体过程如下：选择【设置】/【字体】命令，弹出【字体】对话框，在对话框中选择所需的字体；选择【设置】/【颜色】命令，弹出【颜色】对话框，在对话框中选择所需的颜色。

【案例小结】

在本案例中，通过为记事本设计相应的菜单栏、工具栏，进一步熟悉了菜单栏、工具栏的设计过程，主要复习了以下知识。

- 使用菜单编辑器来设计菜单。
- 向图像列表控件中添加图像。
- 使用工具条控件来设计工具栏。
- 菜单、工具条 Click 事件的使用，以及常用属性的设置。

习题

一、填空题

1. 在 Visual Basic 6.0 中一个完整的菜单包括_____、_____和_____ 3 项，其中_____是每个菜单必须有的。

2. 菜单按出现的位置的不同可分为_____和_____两种，其中_____一般显示在窗体标题栏下面，而_____只有在单击鼠标右键的时候才出现。

3. 菜单编辑器由_____、_____和_____ 3 部分组成，所有设计好的菜单都会在_____中显示出来，并且通过____来区分菜单的级别。

4. 弹出式菜单一般不直接显示在窗体上，既可以是菜单栏中的菜单命令，也可以是_____属性设为 False 的菜单项。要显示弹出式菜单，可以用_____方法。

二、选择题

1. 直接显示在窗体上的菜单项是_____。
   A. 一级菜单　　　B. 二级菜单　　　C. 三级菜单　　　D. 四级菜单

2. 要使一个菜单项变为分隔线，必须将其标题属性设为_____。
   A. 下画线　　　B. &　　　C. 上画线　　　D. 减号

3. 含有子菜单的菜单不能设置_____。
   A. 访问键　　　B. 快捷键　　　C. 菜单标题　　　D. 菜单名称

4. 下面哪些事件是菜单能响应的？_____
   A. Change 事件　　B. MouseDown 事件　　C. MouseUp 事件　　D. Click 事件

三、程序设计题

设计一个可以改变字体大小及颜色，同时还可以控制工具栏可见性的应用程序，程序界面如图 8-44 所示，菜单栏结构如图 8-45 所示，另外还有一个【查看】/【工具栏】弹出式菜单，其中【查看】主菜单不可见。具体要求如下。

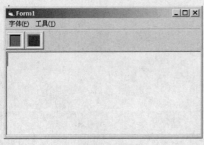

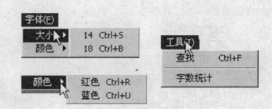

图8-44 程序界面　　　　　　　　　　　　　　　　图8-45 菜单栏结构

(1) 选择【字体】/【大小】菜单中的【14】或【18】命令，文本框的字体变为相应的大小。

(2) 按 $\boxed{\text{Alt}}$ + $\boxed{\text{F}}$ 组合键，可以直接打开【字体】下拉菜单；按 $\boxed{\text{Alt}}$ + $\boxed{\text{T}}$ 快捷键，可以直接打开【工具】下拉菜单。

(3) 选择【字体】/【颜色】/【红色】命令（或直接按 $\boxed{\text{Ctrl}}$ + $\boxed{\text{R}}$ 组合键）；选择【字体】/【颜色】/【蓝色】命令，将文本框中的字体设置为相应的颜色。

(4) 在文本框中单击鼠标右键，弹出【查看】菜单的子菜单：【工具栏】菜单。在子菜单前面的选中符号 ✔ 之间切换，可以控制工具栏在可见和不可见之间切换。另外，工具栏不可见时，文本框自动填满工具栏所在的位置；工具栏可见时，文本框自动调整到工具栏的下面。

第9章

图像处理及绘图

在 Visual Basic 中，通过窗体、控件及菜单可以设计一些美观的交互式界面，但这仅仅是其最基本的功能，还未涉及精髓。本章来介绍 Visual Basic 6.0 强大的图形处理能力，在 Visual Basic 6.0 中，用户只需要使用一些简单的命令，便可以绘制一些最基本的图形，而且还可以使用 Visual Basic 6.0 提供的图形控件来显示图片并实现简单的动画效果。

❖ 掌握图片框控件的常用属性及常用方法。
❖ 掌握图像框的常用属性及事件。
❖ 熟悉坐标系的设置。
❖ 熟悉绘图属性的设置。
❖ 掌握常用绘图命令。
❖ 熟悉绘图专用控件。
❖ 熟悉使用图像框进行简单动画处理的一般原理。

9.1 知识解析

在 Visual Basic 6.0 中，有两种专门用于图像处理的图形控件，一种是图片框控件，另外一种是图像框控件。这两种控件都可以用来显示图片，而且都支持相同的图片格式，但就处理图像的能力而言，图片框控件没有图像框控件强大。

9.1.1 图片框控件

在使用图片框控件进行图像处理之前，首先应加载图像，然后再处理图像，包括放大、缩小、旋转等操作。和其他常用控件一样，除了共有属性之外，图片框还有自己特有的属性。

(1) 【AutoSize】属性。
- 功能：设置图片框是否自动调整尺寸。
- 说明：【AutoSize】属性有两个取值：True 或 False，当为 True 时，图片框自动调整尺寸以便将图片完整的显示出来；当为 False（默认值）时，图片框的尺寸固定不变，当所显示图片的尺寸比图片框的尺寸大时，便只能显示图片的一部分，其余部分将会被剪掉。

(2)　【Picture】属性。

- 功能：返回或设置图片框中要显示的图片。
- 说明：要让图片框能显示图片，必须先向图片框加载图片，而图片的加载便是通过设置【Picture】属性来完成的。【Picture】属性的设置可以在【属性】面板来完成，也可以在程序代码中完成，这在以后章节中会介绍。如果要将图片框已加载的图片删除，只需要在【属性】面板中单击【Picture】栏，然后按 Delete 键便可删除图片框中的图片。

　　和基本控件一样，图片框控件也能响应一些共有事件，如 Click 事件、MouseMove 事件、MouseDown 事件等，其中 Click 事件是常用事件。如果只是使用图片框来显示、编辑图片时，很少为其添加事件，而在用图片框绘图时，必须灵活使用这些事件，这一点将在以后章节详细介绍。

【例9-1】　使用图片框来编辑图片。

【操作步骤】

1. 新建一个标准工程。
2. 向窗体中添加一个图片框控件、3 个命令按钮控件，调整控件大小及位置至如图 9-1 所示。
3. 在工具箱中单击水平滚动条控件，然后将鼠标指针移到图片框控件中，按住鼠标左键（注意：按下鼠标的位置不要超出图片框的范围），在图片框上拖曳鼠标，在适当位置松开鼠标，向图片框中添加一个水平滚动条控件。
4. 以同样的方式向图片框中添加一个垂直滚动条控件。
5. 单击图片框控件，然后按 Delete 键，删除图片框控件，两个滚动条控件也被删除。
6. 选择【编辑】/【撤销删除】命令，撤销删除图片框控件。
7. 调整滚动条的位置和大小至图 9-2 所示，并按表 9-1 设置控件的属性。

图9-1　调整后的窗体

图9-2　添加滚动条后的窗体

表 9-1　　　　　　　　　　　　　　　　　控件属性

控件	属性	属性值	控件	属性	属性值
命令按钮控件 Command1	【名称】	cmdLarge	水平滚动条控件 HScroll1	【名称】	hscMove
	【Caption】	放大		Min	0
命令按钮控件 Command2	【名称】	cmdTurn	垂直滚动条控件 VScroll1	【名称】	vscMove
	【Caption】	翻转		Min	0
命令按钮控件 Command3	【名称】	cmdResize			
	【Caption】	缩小			

8. 在窗体上选中图片框，将【名称】属性设为 "picCat"，【AutoSize】属性设为 "True"。
9. 在【属性】面板中单击【Picture】栏右端的 ... 按钮，弹出如图 9-3 所示的【加载图片】

对话框，从文件列表框中选中一个图片文件，单击 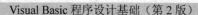按钮，向图片框控件中加载图片，如图 9-4 所示（所加载的图片文件另附）。

图9-3 【加载图片】对话框

图9-4 加载图片后的窗体

10. 在窗体上双击 按钮，为该命令按钮添加 Click 事件。

11. 单击【工程】面板中的查看对象按钮 国，返回窗体。

12. 以同样的方式为剩下两个命令按钮添加 Click 事件，为两个滚动条控件添加 Change 事件，为窗体添加 Load 事件，并为各个事件添加如下响应代码：

```
Option Explicit
Dim i As Integer
Private Sub cmdLarge_Click()
'让图片从原点开始移动
i = 0
'单击按钮一次，图片的宽度和长度都被拉伸 80 个单位
i = i + 80
'局部放大图片
picCat.PaintPicture picCat.Picture, 0, 0, picCat.Width + i, picCat.Height + i
picCat.Refresh
End Sub
Private Sub cmdResize_Click()
'让图片从原点开始移动
i = 0
'单击按钮一次，图片的宽度和长度都被缩小 80 个单位
i = i - 80
'局部缩小图片
picCat.PaintPicture picCat.Picture, 0, 0, picCat.Width + i, _
                            picCat.Height + i
picCat.Refresh
End Sub
Private Sub cmdTurn_Click()
'让图片从原点开始移动
i = 0
```

```
'翻转图片
'根据单击按钮的次数来翻转图片，每单击一次图片翻转一次
If i Mod 2 = 0 Then
'如果单击的次数为偶数，则将图片倒转过来
picCat.PaintPicture picCat.Picture, picCat.Width, picCat.Height, _
                         -picCat.Width, -picCat.Height
Else
'如果单击按钮次数为奇数，则将图片还原
picCat.PaintPicture picCat.Picture, 0, 0, picCat.Width, picCat.Height
End If
picCat.Refresh
'单击按钮一次，按钮被单击的次数增加一次
i = i + 1
End Sub

Private Sub Form_Load()
'初始化
hscMove.Max = picCat.Width
hscMove.SmallChange = hscMove.Max / 20
hscMove.LargeChange = hscMove.Max / 10
vscMove.Max = picCat.Height
vscMove.SmallChange = vscMove.Max / 20
vscMove.LargeChange = vscMove.Max / 10
End Sub

Private Sub hscMove_Change()
'左右滚动图片
picCat.PaintPicture picCat.Picture, picCat.ScaleLeft + _
hscMove.Value, picCat.ScaleTop, picCat.Width, picCat.Height
picCat.Refresh
End Sub

Private Sub vscMove_Change()
'上下滚动图片
picCat.PaintPicture picCat.Picture, picCat.ScaleLeft, _
        picCat.ScaleTop + vscMove.Value, picCat.Width, picCat.Height
picCat.Refresh
End Sub
```

13. 保存工程，单击工具栏上的 ▶ 按钮，运行程序。分别单击 翻转 、 放大 和 缩小 按钮，便可以实现对图片的编辑。拖动滚动条便可以移动图片。

14. 单击工具栏上的 ■ 按钮，停止程序。

【知识链接】

(1) 图片框控件也是容器类控件，可向其中添加控件，具体添加过程和向框架控件中添加控件一样。向图片框控件中添加控件后，控件随着图片框的消失而消失，如例 9-1 的第 5 步。

(2) PaintPicture 方法是图片框控件的常用方法之一，它为图片框控件提供一个具有编辑功能的命令，使用该方法可以对位图进行水平或垂直翻转，以及对图片进行拉伸、压缩等操作。具体语法结构如下：

对象名.PaintPicture picture,x1,y1,width1,height1,x2,y2,width2,height2,opcode

PaintPicture 方法共有 10 个参数，其中最常用的为"picture"、"x1"、"y1"、"width1"和"height1"5 个参数。各参数的说明见表 9-2。如果将 width1、height1 参数的值设为负值，可以将图片翻转。如例 9-1 中，图片的翻转便是通过将 width1、height1 参数设为负值来实现的。

表 9-2   **PaintPicture 方法的参数说明**

参数	说明
picture	必需参数，要加载到控件上的图形。对于图片框控件而言，该参数值必须是【Picture】属性值。如例 9-1 中，该参数为图片框的【Picture】属性
x1、y1	必需参数，指定目标图片的起点横坐标和纵坐标。图片被编辑后，必定有一个新的样式，编辑后的图片通常被称为目标图片。如例 9-1 中，图片的移动便是通过不断改变 x1、y1 的值来实现的
width1、height1	可选参数，指定目标图片的宽度和高度。如例 9-1 中，便是通过改变目标图片的宽度和高度来实现图片的拉伸和缩放

9.1.2 图像框控件

和图片框一样，图像框控件 也可以用来显示各种不同格式的图片，但图像框控件不支持绘图的方法和显示文字，而且还不能向图像框中添加任何控件。由于图像框控件使用起来占的系统资源比图片框控件小，重画起来也比图片框控件要快，因此如果只是简单地显示图片的话，一般最好使用图像框控件。

图像框控件的属性和图片框的属性基本相同，图像的加载都是通过设置【Picture】属性来实现的，但图像框没有【AutoSize】属性，【AutoSize】属性所实现的功能由图像框的【Stretch】属性来完成。

【Stretch】属性功能如下。

- 功能：返回或设置图像框中的图片是否要调整尺寸以适应图像框的尺寸。
- 说明：【Stretch】属性有两个取值：True 或 False。其值为 True 时，图片自动调整尺寸以适应图像框的尺寸；其值为 False（默认值）时，图片按原始尺寸显示，系统自动调整图像框的尺寸来适应图片的尺寸。

Click 事件是图像框控件最常用事件，另外还可以响应 MouseMove、MouseDown 等共有事件。如果只是用来显示、编辑图片时，一般很少为其添加事件。

【例9-2】 使用图像框来编辑图片。

【操作步骤】

1. 新建一个标准工程。

2. 向窗体中添加 3 个命令按钮控件和一个图像框控件，调整控件大小及位置至图 9-5 所示，并按表 9-3 设置控件属性。

表 9-3　　　　　　　　　　　　　　　控件属性

控件	属性	属性值	控件	属性	属性值
命令按钮控件 Command1	【名称】	cmdSmall	命令按钮控件 Command3	【名称】	cmdQuit
	【Caption】	缩小		【Caption】	退出
命令按钮控件 Command2	【名称】	cmdLarge	图像框控件	【名称】	imgCat
	【Caption】	放大			

3. 在窗体上选中图像框控件，在【属性】面板中单击【Picture】栏右端的 ... 按钮，弹出如图 9-3 所示的【加载图片】对话框，然后从文件列表中选中一个图片文件，单击 打开(O) 按钮，向图像框中加载图片，如图 9-6 所示。

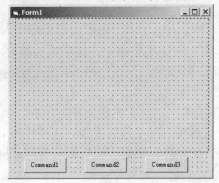

图9-5　添加控件后的窗体

图9-6　加载图片后的窗体

4. 在窗体上选中图像框控件，并将【Stretch】属性设为"True"。

5. 分别为 缩小 按钮、放大 按钮添加 Click 事件，并在代码窗口中添加如下代码：

```
Option Explicit
Private Const small As Single = 0.5
Private Const large As Single = -1

Private Sub cmdLarge_Click()
    Zoom imgCat, large
End Sub

Private Sub cmdQuit_Click()
Unload Form1
End Sub

Private Sub cmdSmall_Click()
    Zoom imgCat, small
End Sub

'放大、缩小处理过程
Private Sub Zoom(ByVal img As Image, ByVal ratio As Single)
```

```
'通过改变图片框的尺寸和位置来实现对图片的放大和缩小
imgCat.Left = imgCat.Left + imgCat.Width * ratio / 2
imgCat.Top = imgCat.Top + imgCat.Height * ratio / 2
imgCat.Width = imgCat.Width - imgCat.Width * ratio
imgCat.Height = imgCat.Height - imgCat.Height * ratio
End Sub
```

6. 保存工程，运行程序。分别单击 缩小 按钮、 放大 按钮，查看具体效果。

7. 单击 退出 按钮，退出程序。

> 图片框和图像框对所显示的图片进行放大和缩小处理所采用的方法不一样。如例 9-2 中，是通过改变图像框的尺寸来实现对图片的放大和缩小，图像框和图片的尺寸同时改变；而例 9-1 中，是通过改变图片的尺寸来实现图片的放大和缩小，图片框的尺寸并不改变。

9.1.3 绘图属性

窗体就像一张"画布"，可以将控件作为"图案"绘制在画布上，还可以直接在"画布"中绘制一些基本的图形，如点、直线、圆、矩形、椭圆等，但这些图形只能绘制在窗体或图片框这类容器类控件上。

在窗体或图片框上绘图，和绘制几何图一样，在绘图之前，要先定义好坐标系。如果要绘制线条类图形（如直线、圆、矩形等），还要设置好线型（如实线、虚线、点画线等）、线宽以及绘图的模式。另外，如果绘制的图形是封闭的（如圆、矩形、椭圆），还可以考虑在封闭的空间中添加填充图案。而这些准备工作的完成便是通过设置与绘图有关的属性来完成的。与绘图有关的属性如下。

(1) 【ScaleTop】、【ScaleLeft】属性。

- 功能：返回或设置窗体或图片框左上角的坐标。
- 说明：通过设置【ScaleTop】、【ScaleLeft】属性来定义坐标系原点的位置，即定义窗体或图片框左上角的坐标值。

(2) 【ScaleWidth】、【ScaleHeight】属性。

- 功能：设置或返回 x 轴长度和 y 轴长度。
- 说明：【ScaleWidth】、【ScaleHeight】属性可以设为负值，但此时的负值并不表示 x 轴和 y 轴的长度为负值，而是用来规定 x 轴、y 轴的正方向。如果【ScaleWidth】属性为负，则表示 x 轴的正方向为向左；如果【ScaleHeight】属性为负值，则表示 y 轴的正方向为向上。通过设置【ScaleWidth】、【ScaleHeight】、【ScaleTop】和【ScaleLeft】4 个属性便可以建立用户所需的坐标系，例如如下代码：

```
Form1.ScaleTop = 200
Form1.ScaleLeft = 200
Form1.ScaleWidth = 5000
Form1.ScaleHeight = -4000
```

便可以建立如图 9-7 所示的坐标系。

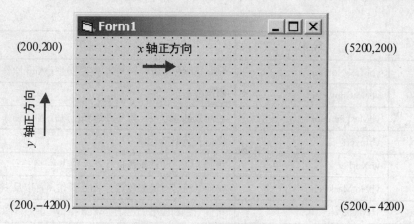

图9-7 窗体坐标系

(3) 【DrawStyle】属性。

- 功能: 设置或返回线条的样式。
- 说明:【DrawStyle】常用属性值如表 9-4 所示。如果先设置了线宽,则【DrawStyle】属性会自动设为 "0", 即此时线条只能是实线。

表 9-4 【DrawStyle】常用属性值

属性值	常量	说明	
0(默认值)	vbSolid	实线	——
1	vbDash	虚线	– – – –
2	vbDot	点线	··············
3	vbDashDot	点画线	— · — ·
4	vbDashDotDot	双点画线	— · · — ·

(4) 【DrawWidth】属性。

- 功能: 设置或返回线条的宽度。
- 说明: 只有实线有粗细之分, 对于其他类型的线条而言,【DrawWidth】属性只能取 1。

(5) 【DrawMode】属性。

- 功能: 返回或设置绘图的模式。
- 说明: 在图形有重叠或者图片框的【ForeColor】属性为非白色时, 需要考虑绘图模式的选择, 即考虑图形颜色与绘图区底色之间或图形颜色之间的逻辑关系,【DrawMode】常用属性值如表 9-5 所示。

表 9-5 【DrawMode】常用属性值

属性值	常量	说明
1	vbBlackness	黑色输出
2	vbNotMergePen	前景颜色与画笔颜色进行 Or 操作后, 再取反

属性值	常量	说明
3	vbMaskNotPen	将画笔颜色取反，再与背景颜色进行 And 操作
4	vbNotCopyPen	将画笔颜色取反
5	vbMaskPenNot	将前景颜色取反，再与画笔颜色进行 And 操作
6	vbInvert	将前景色取反
7	vbXorPen	将画笔颜色与前景色进行互斥操作
8	vbNotMaskPen	将前景色和画笔颜色进行 And 操作，再取反
9	vbMaskPen	将前景色和画笔颜色进行 And 操作
10	vbNotXorPen	将画笔颜色与前景色进行互斥操作，再取反
11	vbNop	没有画笔颜色，即输出保持不变，相当于关闭画图
12	vbMergeNotPen	将画笔颜色取反，再与前景色进行 Or 操作
13	vbCopyPen	默认设置，用前景色画线
14	vbMergePenNot	将前景色取反，再与画笔颜色进行 Or 操作
15	vbMergePen	将前景色与画笔颜色进行 Or 操作
16	vbWhiteness	白色

（6）【FillStyle】属性。
- 功能：返回或设置填充图案的样式。
- 说明：对于像长方形、正方形、圆等封闭图形，可以使用【FillStyle】属性向封闭图形中加入各种填充的图案，常用属性如表 9-6 所示。

表 9-6　　　　　　　　　　　　【DrawMode】常用属性值

属性值	说明	示例	属性值	说明	示例
0	实心	●	4	上斜线	◎
1	透明（默认值）	○	5	下斜线	◎
2	水平线	⊖	6	十字线	⊕
3	垂直线	�			

（7）【FillColor】属性。
- 功能：返回或设置填充图案的颜色。
- 说明：颜色值可以是常量颜色值，如 vbRed（红色）、vbBlue（蓝色）、vbGreen（绿色）、vbBlack（黑色），还可以通过 RGB 函数来选择颜色。

9.1.4　绘图方法

　　设置好与绘图有关的属性后，包括坐标系的设置、线型选择、线宽选择等，便可以通过特定的方法在窗体或图片框上绘图了。在 Visual Basic 6.0 中，与绘图有关的常用方法包括 Pset 方法、Line 方法、Circle 方法。

1. Pset 方法

Pset 方法用来在指定位置画点，并且还可以为画的点加上颜色，具体语法结构如下：

```
[对象名].Pset[Step](x,y),[color]
```

其中"对象名"为窗体名或图片框名，是可选参数，如果不特别说明，与绘图有关的所有方法的对象名都为窗体名或图片框名；x、y 为点的坐标值，用来指定所画点的位置，是必选参数；color 为点的颜色，是可选参数，如果不指定 color 参数，则以对象的【ForeColor】属性值来设置点的颜色。

【例9-3】　跳动的圆球。

【操作步骤】

(1) 新建一个标准工程。

(2) 向窗体中添加一个定时器控件，并将定时器的【Interval】属性设为"50"。

(3) 选中窗体，然后将窗体的【BackColor】属性设为"黑色"，【BorderStyle】属性设为"0-None"，【WindowState】属性设为"2-Maximized"。

(4) 双击窗体空白处，为窗体添加 Load 事件，并在事件中添加如下代码：

```
Private Sub Form_Load()
    '设置窗体坐标系
    Form1.ScaleTop = 200
    Form1.ScaleLeft = 200
    Form1.ScaleWidth = 5000
    Form1.ScaleHeight = -4000
End Sub
```

(5) 单击过程列表框右侧的箭头，打开过程下拉列表，选择【KeyPress】选项，为窗体添加 KeyPress 事件，并添加如下代码：

```
Private Sub Form_KeyPress(KeyAscii As Integer)
'单击任何键，退出程序
    End
End Sub
```

(6) 单击【工程】面板中的查看对象按钮▣，返回窗体。

(7) 双击定时器，为定时器控件添加 Timer 事件，并在代码窗口中添加如下代码：

```
Private Sub Timer1_Timer()
    '设置点的大小
    Form1.DrawWidth = 50
    '先清除屏幕上的图形
    Form1.Cls
    '随机地画彩色点
    Form1.PSet (Rnd*Form1.ScaleWidth,Rnd*Form1.ScaleHeight), _
        RGB(Rnd*255, Rnd*255, Rnd*255)
End Sub
```

(8) 保存工程，运行程序，便可以看到一个圆球在屏幕上不停闪动。

(9) 单击任何键，退出程序。

① 用 Pset 画点时，可通过设置【DrawWidth】属性来改变点的大小。如例 9-3 中，圆球的大小便是通过窗体的【DrawWidth】属性来控制的。

② 用 Pset 方法画点时，点的坐标是相对坐标原点而言的。如果在参数（x，y）前面加上了 Step，则 x、y 的值是相对上一次所画点的位置而言的。

③ Cls 方法用于清除窗体或图片框上所有图形，语法结构如下：

窗体名或图片框名.Cls

如例 9-3 中，清除窗体上的图形便是通过 Cls 方法来实现的。读者不妨将代码 "Form1.Cls" 删除，查看效果有什么变化。

说明

2. Line 方法

Line 方法用来绘制任意两点之间的连线，具体语法结构如下：

```
[对象名].Line [[Step](x1,y1)]-[Step](x2,y2),[color],[B][F]
```

其中(x1,y1)为第 1 点的坐标，即直线起点的坐标，如果省略(x1,y1)，则以上一次画线的终点作为本次画点的起点；(x2,y2)为第 2 点坐标，即直线终点的坐标，是必选参数；color 为直线的颜色，如果省略 color 参数，则线条颜色为上一次绘制线条的颜色。

【例9-4】 花屏演示。

【操作步骤】

(1) 新建一个标准工程。

(2) 向窗体中添加一个定时器控件，并将定时器的【Interval】属性设为 "50"。

(3) 选中窗体，然后将窗体的【BackColor】属性设为 "白色"，【BorderStyle】属性设为 "0-None"，【WindowState】属性设为 "2-Maximized"。

(4) 双击窗体空白处，为窗体添加 Load 事件，并在事件中添加如下代码：

```
Private Sub Form_Load()
    '设置窗体坐标系
    Form1.ScaleTop = 0
    Form1.ScaleLeft = 0
    Form1.ScaleWidth = 5000
    Form1.ScaleHeight = 4000
End Sub
```

(5) 单击过程列表框右侧的箭头，打开过程下拉列表，选择【KeyPress】选项，为窗体添加 KeyPress 事件，并添加如下代码：

```
Private Sub Form_KeyPress(KeyAscii As Integer)
    '单击任何键，退出程序
    End
End Sub
```

(6) 单击【工程】面板中的查看对象按钮 ，返回窗体。

(7) 双击定时器，为定时器控件添加 Timer 事件，并在代码窗口中添加如下代码：

```
'通过定时在窗体上绘制直线来实现花屏的效果
Private Sub Timer1_Timer()
```

```
Static n As Integer '在屏幕绘制直线的条数
Dim sp As Single
Dim j As Integer, x As Single, y As Single
n = n + 50 '直线的条数不断增加
Form1.DrawStyle = 2 '画点线
Form1.DrawMode = 13
x = Form1.ScaleWidth '直线终止的横坐标
y = Form1.ScaleHeight
sp = 255 / y
'在屏幕上绘制 n 条直线
For j = 0 To n
    Line (0, j * y / n)-(x, j * y / n), RGB(j * sp, j * sp, j * sp)
Next j
End Sub
```

(8) 保存工程，运行程序。在窗体单击鼠标，屏幕的花屏效果不断增强，如图 9-8 所示。

(9) 单击任何键，退出程序。

　　① 绘制直线时，如果设置了【DrawWidth】属性，则【DrawStyle】属性会自动设为 "0"，只有实线才能设置线宽。另外，同 Pset 方法一样，在坐标前面加上 Step，表示该点的坐标是相对于前一点的坐标而言的。

　　② 在 Visual Basic 6.0 中，矩形或正方形的绘制也是通过使用 Line 方法来完成的。只需要在 Line 方法的 color 参数后面加上一个 "B"，便可以绘制矩形或正方形，具体语法结构如下：

　　　　对象名.Line[Step](x1,y1)-[Step](x2,y2),,B

　　此时参数(x1,y1)，(x2,y2)分别代表矩形或正方形左上角和右下角的坐标。例如，执行代码：

　　　　Form1.ScaleHeight = 500

　　　　Form1.ScaleWidth = 300

　　　　Form1.Line (100, 100)-(200, 300), , B

　　即可在窗体上绘制出如图 9-9 所示的矩形。

　　③ 由于矩形和正方形为封闭的图形，因此还可以在矩形和正方形中加入各种填充的图案。如果要加入填充图案，则必须在绘制矩形和正方形之前，设置【FillStyle】和【FillColor】两个属性。

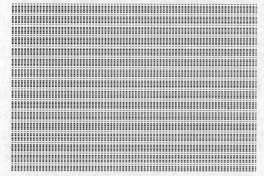

图9-8　花屏效果演示

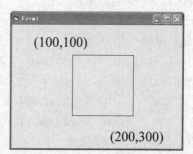

图9-9　在窗体上绘制矩形

3. Circle 方法

在几何知识中，绘制一个圆前必须确定圆心的位置和半径。在 Visual Basic 6.0 中，要想在窗体或图片框中绘制一个完整的圆，可以通过 Circle 方法来完成，具体语法结构如下：

```
对象名.Circle[Step](x,y),radiu,[color]
```

其中(x,y)为圆心的坐标，radiu 为圆的半径，color 为圆的颜色。

【例9-5】 霓虹灯效果设计。

【操作步骤】

(1) 新建一个标准工程。

(2) 向窗体中添加一个定时器控件，并将定时器的【Interval】属性设为 "50"。

(3) 选中窗体，然后将窗体的【BackColor】属性设为 "黑色"，【BorderStyle】属性设为 "0-None"，【WindowState】属性设为 "2-Maximized"。

(4) 双击窗体空白处，为窗体添加 Load 事件，并在事件中添加如下代码：

```
Private Sub Form_Load()
    '设置窗体坐标系
    Form1.ScaleTop = 200
    Form1.ScaleLeft = 200
    Form1.ScaleWidth = 5000
    Form1.ScaleHeight = -4000
End Sub
```

(5) 单击过程列表框右侧的箭头，打开过程下拉列表，选择【KeyPress】选项，为窗体添加 KeyPress 事件，并添加如下代码：

```
Private Sub Form_KeyPress(KeyAscii As Integer)
'单击任何键，退出程序
    End
End Sub
```

(6) 单击【工程】面板中的查看对象按钮，返回窗体。

(7) 双击定时器，为定时器控件添加 Timer 事件，并在代码窗口中添加如下代码：

```
Private Sub Timer1_Timer()
Dim x As Integer, y As Integer
Form1.DrawWidth = 8
Form1.DrawMode = 7
'设置填充样式和填充颜色
Form1.FillStyle = 0
Form1.FillColor = RGB(Rnd * 255, Rnd * 255, Rnd * 255)
'产生圆心的坐标
x = Rnd * Form1.ScaleWidth
y = Rnd * Form1.ScaleHeight
'随机绘制有填充颜色的圆
Form1.Circle (x, y), 500, RGB(Rnd * 255, Rnd * 255, Rnd * 255)
```

```
End Sub
```

(8) 保存工程，运行程序。便在窗体产生霓虹灯闪烁的效果，如图 9-10 所示。

(9) 单击任何键，退出程序。

【知识链接】

(1) 和绘制直线一样，绘制圆时如果设置了【DrawWidth】属性，则【DrawStyle】属性会自动设为 "0"，只有实线才能设置线宽。如果在圆心坐标前面加上 Step，则表示圆心坐标是相对于前一点的坐标而言的。

(2) 由于圆是封闭型图形，因此可以通过设置【FillStyle】和【FillColor】属性来填充图案。如例 9-5 中，通过设置【FillStyle】和【FillColor】属性，圆变为实心有颜色的圆，而外圈的圆是通过设置【DrawWidth】属性来实现的。

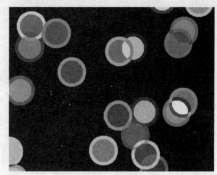

图9-10 霓虹灯效果

(3) 在 Visual Basic 6.0 中，圆弧的绘制也是通过 Circle 方法来完成的，使用 Circle 方法来绘制圆弧时，除了圆心坐标和半径之外，还要指定圆弧的起始位置和终止位置，这时 Circle 方法的语法结构如下：

```
对象名.Circle Step(x,y),radiu,color,start,end
```

其中参数 start 用于指定圆弧的起始角，单位为弧度，取值范围为$-2\pi\sim2\pi$，默认值为 0；end 用于指定圆弧的终止角，单位为弧度，取值范围为$-2\pi\sim2\pi$，默认值为 2π。

(4) 虽然 start、end 可以取负角，但其意义和数学上的负角意义不一样，此时的负号表示圆弧要带边界线。如果 start 为负，则圆弧要带起始边界线；如果 end 为负，则圆弧要带终止边界线；如果 start、end 都为负，则圆弧既要带起始边界线，还要带终止边界线；如果 start、end 都为正，则不带任何边界线。执行如下代码：

```
Form1.Circle (350, 2000), 400, , pi / 4, 3 * pi / 4
Form1.Circle (1550, 2000), 400, , -pi / 4, 3 * pi / 4
Form1.Circle (2550, 2000), 400, , pi / 4, -3 * pi / 4
Form1.Circle (3550, 2000), 400, , -pi / 4, -3 * pi / 4
```

便可以在窗体上绘制出如图 9-11 所示的圆弧。

图9-11 在窗体上绘制圆弧

9.1.5 绘图控件

Visual Baisc 6.0 除了提供一些常用方法让用户来绘图之外，还提供了专门用于绘图的控件：线条控件和形状控件，在工具箱中的图标分别为 ＼ 和 ⊡。这两种控件都有用于绘图的专有属性，只需设置这些属性，便可以绘制常用的图形，包括直线、圆、矩形等，但它们都不能响应任何事件。

1. 直线控件

直线控件 ＼ 是用来绘制直线的专用控件。用直线控件来绘制直线时，线条类型由【BorderStyle】属性来控制；线条宽度由【BorderWidth】属性来控制；线条颜色由【BorderColor】属性来控制；线条显示模式由【DrawMode】属性来控制。在以上的 4 个属性中，【BorderStyle】属性与图片框或窗体的【DrawStyle】属性相对应，【BorderWidth】属性与图片框或窗体的【DrawWidth】属性相对应，【DrawMode】属性与图片框或窗体的【DrawMode】属性相对应。直线的位置及长度由【X1】、【Y1】、【X2】和【Y2】4 个属性来设定；直线的起始位置由【X1】、【Y1】属性的值来设定；终止位置由【X2】、【Y2】属性的值来设定。

2. 形状控件

形状控件 ⊡ 用于显示各种封闭的图形，包括矩形、正方形、椭圆、圆、圆角矩形、圆角正方形等。显示图形时，线条类型由【BorderStyle】属性来控制；线条宽度由【BorderWidth】来控制；线条颜色由【BorderColor】属性来控制；线条显示模式由【DrawMode】属性来控制；所显示图形的位置由【Left】、【Top】属性来控制；所显示图形的大小由【Width】、【Height】属性控制。除了这些基本属性之外，形状控件还有一个重要的属性：【Shape】属性。该属性用于图形的选择，其常用属性值如表 9-7 所示。

表 9-7　　　　　　　　　　　【Shape】常用属性值

属性值	常量	图形形状	属性值	常量	图形形状
0	vbShapeRectangle	矩形	3	vbShapeCircle	圆
1	vbShapeSquare	正方形	4	vbShapeRoundedRectangle	圆角矩形
2	vbShapeOval	椭圆	5	vbShapeRoundedSquare	圆角正方形

【例9-6】　石英钟的设计。

【操作步骤】

(1) 新建一个标准工程。

(2) 向窗体中添加两个定时器控件。

(3) 在工具箱中双击直线控件 ＼，向窗体中添加一个直线控件。在窗体上选中该控件，将【BorderWidth】属性设为"2"，【X1】属性设为"2400"，【X2】属性设为"2400"。

(4) 以同样的方式向窗体中再添加一个直线控件，并将【X1】属性设为"2400"，【X2】属性设为"2400"。

(5) 在工具箱中双击形状控件 ⊡，向窗体中添加一个形状控件。

(6) 在窗体上选中形状控件，并将【Shape】属性设为"3-Circle"。

(7) 在空白处双击窗体，为窗体添加 Load 事件，并在代码窗口中添加如下代码：

```
'定义用于记录时针和分针长度的变量
Dim hLine, mLine As Integer
'定义用于记录时针和分针每次所转的角度
Dim i, j As Integer
Const pi = 3.14159
Private Sub Form_Load()
    '初始化，让时针、分针停在12点
    Line1.X1 = Shape1.Left + Shape1.Width / 2
    Line1.X2 = Line1.X2
    Line1.Y1 = Shape1.Top + Shape1.Height / 2
    Line1.Y2 = Line1.Y1 - Shape1.Height / 2 + 400
    Line2.X1 = Shape1.Left + Shape1.Width / 2
    Line2.X2 = Line2.X2
    Line2.Y1 = Shape1.Top + Shape1.Height / 2
    Line2.Y2 = Line2.Y1 - Shape1.Height / 2 + 150
    mLine = Line2.Y2 - Line2.Y1
    hLine = Line1.Y2 - Line1.Y1
    i = 0
    j = 0
    '分针开始走
    Timer1.Interval = 100
End Sub
```

(8) 在代码窗口中，单击过程列表框右侧的箭头，打开过程下拉列表，选择【MouseDown】选项，为窗体添加 MouseDown 事件，并添加如下代码：

```
Private Sub Form_MouseDown(Button As Integer, Shift As Integer, X _
As Single, Y As Single)
    If Button = 1 Then
      Unload Form1
    End If
End Sub
```

(9) 在对象列表框中分别单击 "Timer1" 和 "Timer2"，分别为两个定时器控件 Timer1 和 Timer2 添加 Timer 事件，并在事件中添加如下代码：

```
Private Sub Timer1_Timer()
    '分针每隔100毫秒转10度
    Timer2.Interval = 0
    Line2.X2 = Line2.X1 + mLine * Cos((i + 90) * pi / 180)
    Line2.Y2 = Line2.Y1 + mLine * Sin((i + 90) * pi / 180)
    i = i + 10
    '转满360度，重新开始转，并且时针开始走
```

```
    If i = 360 Then
       i = 0
       Timer2.Interval = 1
    End If
End Sub

Private Sub Timer2_Timer()
    Line1.X2 = Line1.X1 + hLine * Cos((j + 90) * pi / 180)
    Line1.Y2 = Line1.Y1 + hLine * Sin((j + 90) * pi / 180)
    j = j + 5
    If j = 360 Then
       j = 0
    End If
End If
End Sub
```

(10) 保存工程，单击工具栏上的
▶ 按钮，运行程序，在窗体
上便会出现图 9-12 所示的石
英钟。

(11) 在窗体上单击鼠标，退出程
序。

图9-12 简单石英钟

① 由于时针和分针并不是同时转的，只有当分针装完一圈，时针才走一格。如例 9-6 中，使用了两个定时器控件，分别用于控制时针和分针的转动。

② 由于形状控件所显示的图形都是封闭的，因此可以在这些图形中加入填充的图案。填充图案及其颜色的选择是通过形状控件的【FillStyle】和【FillColor】属性来完成的，而不需要设置图片框或窗体的【FillStyle】和【FillColor】属性。

9.2 案例 1——简单图片编辑器

设计如图 9-13 所示的图片编辑器，单击 打开图片 按钮，弹出如图 9-14 所示的【打开图片文件】对话框。在图片文件列表框中，选中一个图片文件，然后单击 打开(O) 按钮，所选图片便显示在窗体上。单击 放大 、 缩小 按钮便可以对图片进行编辑。

图9-13 简单图片编辑器

图9-14 【打开图片文件】对话框

【操作步骤】

1. 新建一个标准工程。
2. 选择【工程】/【部件】命令，弹出【部件】对话框。
3. 拖动【部件】对话框【控件】列表右端的滚动条，让【Microsoft Common Dialog Control 6.0】栏显示出来，并将其勾选。
4. 单击 确定 按钮，关闭【部件】对话框，向工具箱中添加通用对话框控件。
5. 向窗体中添加一个通用对话框控件、一个图像框控件、4 个命令按钮控件，调整控件位置至如图 9-15 所示。
6. 按表 9-8 设置相关控件的属性。

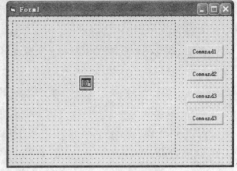

图9-15 调整后的窗体

表 9-8　　　　　　　　　　　　　控件属性值

按钮	属性	属性值	按钮	属性	属性值
命令按钮控件 Command1	【名称】	cmdShow	命令按钮控件 Command3	【名称】	cmdSmall
	【Caption】	打开图片		【Caption】	缩小
命令按钮控件 Command2	【名称】	cmdLarge	命令按钮控件 Command4	【名称】	cmdExit
	【Caption】	放大		【Caption】	退出

7. 为各个命令按钮添加 Click 事件，并添加如下响应代码：

```
Option Explicit
Private Const small As Single = 0.5
Private Const large As Single = -1

Private Sub cmdQuit_Click()
Unload Form1
End Sub

Private Sub cmdShow_Click()
'打开图片文件
CommonDialog1.Filter = "图形文件(*.bmp;*.jpg)|*.bmp;*.jpg|所有文件|*.*"
CommonDialog1.FilterIndex = 1
CommonDialog1.DialogTitle = "打开图片文件"
CommonDialog1.ShowOpen
Image1.Picture = LoadPicture(CommonDialog1.FileName)
End Sub

Private Sub cmdLarge_Click()
Zoom Image1, large
End Sub

Private Sub cmdSmall_Click()
Zoom Image1, small
```

```
End Sub
'放大、缩小处理过程
Private Sub Zoom(ByVal img As Image, ByVal ratio As Single)
'设置 Stretch 属性为 True，让图形适应图像框的尺寸
img.Stretch = True
'通过改变图片框的尺寸和位置来实现对图片的放大和缩小
img.Left = img.Left + img.Width * ratio / 2
img.Top = img.Top + img.Height * ratio / 2
img.Width = img.Width - img.Width * ratio
img.Height = img.Height - img.Height * ratio
End Sub
```

8. 保存工程，单击工具栏上的 ▶ 按钮，运行程序。

9. 单击 打开图片 按钮，在弹出的【打开图片文件】对话框中选中一个图片文件，然后单击 打开(O) 按钮，所选图片便显示在窗体上。

10. 单击 放大 按钮，便可以放大图片；单击 缩小 按钮便可以缩小图片。

11. 单击 退出 按钮，退出程序。

【案例小结】

由于图像框控件使用起来占的系统资源比图片框控件小，重画起来也比图片框控件要快，并且编辑图片更简单些，只需将【Stretch】属性设为 "True"，然后改变图像框的尺寸便可以实现对图片的编辑，因此如果只是简单地显示图片的话，一般最好使用图像框控件。

9.3 案例 2 —— 简单绘图板

设计如图 9-16 所示的简单绘图板，具体功能如下。

- 选择【图形】/【曲线】命令，然后在图片框上按住鼠标左键并拖曳，可以绘制任意的曲线。

- 选择【图形】/【直线】命令，然后在图片框上按住鼠标左键并拖曳，可以绘制直线。

- 选择【图形】/【矩形】命令，然后在图片框上按住鼠标左键并拖曳，可以绘制矩形。

- 选择【图形】/【圆】命令，然后在图片框上按住鼠标左键并拖曳，可以绘制圆。

图9-16 简单绘图板

- 选择【图形】/【橡皮】命令，可以擦除图片框中所有图形。

- 在图片框上单击鼠标右键，弹出【图形】菜单的子菜单。

【操作步骤】

1. 新建一个标准工程。

2. 向窗体中添加一个图片框，并将【名称】属性设为 "pic2DCAD"，【BackColor】属性设为 "白色"，调整图片框至如图 9-17 所示。

3. 选择【工具】/【菜单编辑器】命令，弹出【菜单编辑器】对话框。

4. 按表9-9设置菜单，设置后的【菜单编辑器】如图9-18所示。

图9-17　调整后的窗体

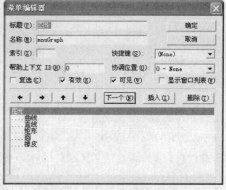

图9-18　【菜单编辑器】对话框

5. 菜单设计完毕后，单击【菜单编辑器】中的 确定 按钮，返回窗体。

表9-9　　　　　　　　　　　　　　　　菜单属性

序号	属性	属性值	级别
1	【标题】	图形	一级菜单
	【名称】	mnuGraph	
2	【标题】	曲线	二级菜单
	【名称】	mnuGraphPen	
3	【标题】	直线	二级菜单
	【名称】	mnuGraphLine	
4	【标题】	矩形	二级菜单
	【名称】	mnuGraphRect	
5	【标题】	圆	二级菜单
	【名称】	mnuGraphCircle	
6	【标题】	橡皮	二级菜单
	【名称】	mnuGraphRubber	

6. 选择【图形】/【曲线】命令，为其添加 Click 事件。

7. 单击【工程】面板中的查看对象按钮 ，返回窗体。

8. 以同样的方式为其他菜单添加 Click 事件。

9. 在代码窗口中，单击对象列表框右端的箭头，在下拉列表中选择【pic2DCAD】选项，在过程列表框中分别选择【MouseDown】、【MouseMove】和【MouseUp】选项。

10. 在对象列表框的下拉列表中选择【Form1】选项，为其添加 Load 事件。

11. 为各个事件添加如下响应代码：

```
Option Explicit
'定义用于记载图形类型的全局变量
Dim GraphStyle As Integer
```

```
'定义用于确定是否绘制各种图形的全局变量
Dim CanDraw As Boolean
'定义存储点的坐标的全局变量
Dim x0 As Single, y0 As Single
Dim xnow As Single, ynow As Single
'定义用于计算半径的全局变量
Dim radius0, radius As Single

Private Sub Form_Load()
pic2DCAD.AutoRedraw = True
'建立自定义坐标系
pic2DCAD.Scale (-150, 100)-(150, -100)
pic2DCAD.ForeColor = vbBlack
CanDraw = False
End Sub

Private Sub Form_Unload(Cancel As Integer)
End
End Sub

Private Sub mnuGraphCircle_Click()
GraphStyle = 4
End Sub

Private Sub mnuGraphLine_Click()
GraphStyle = 2
End Sub

Private Sub mnuGraphPen_Click()
GraphStyle = 1
End Sub

Private Sub mnuGraphRect_Click()
GraphStyle = 3
End Sub

Private Sub mnuGraphRubber_Click()
pic2DCAD.Cls
End Sub
Private Sub pic2DCAD_MouseDown(Button As Integer, Shift _
As Integer, X As Single, Y As Single)
'在图片框上单击鼠标右键，弹出"图形"菜单的子菜单
If Button = 2 Then
PopupMenu mnuGraph
```

```
End If
'单击鼠标左键，开始准备画图
If Button = 1 Then
'记下鼠标单击的位置
    x0 = X
    y0 = Y
    xnow = X
    ynow = Y
'可以画图
    CanDraw = True
End If
'将 DrawMode 属性设为 2，表示绘制的直线与当前屏幕颜色相反
'这样就可以通过绘制同样的直线来达到擦除的目的
pic2DCAD.DrawMode = 2
End Sub

Private Sub pic2DCAD_MouseMove(Button As Integer, Shift _
As Integer, X As Single, Y As Single)
If CanDraw Then
'实现拖动绘图
    Select Case GraphStyle
    ' 绘制直线
    Case 2
    '在鼠标上一次移动位置绘制直线，达到擦除鼠标上一次移动所绘制的直线
        pic2DCAD.Line (x0, y0)-(xnow, ynow)
        '在鼠标移动所在的新位置绘制直线
        pic2DCAD.Line (x0, y0)-(X, Y)
    ' 绘制矩形
    Case 3
        pic2DCAD.Line (x0, y0)-(xnow, ynow), , B
        pic2DCAD.Line (x0, y0)-(X, Y), , B
    ' 绘制圆
    Case 4
        radius0 = Sqr((xnow - x0) ^ 2 + (ynow - y0) ^ 2)
        radius = Sqr((X - x0) ^ 2 + (Y - y0) ^ 2)
        pic2DCAD.Circle (x0, y0), radius0
        pic2DCAD.Circle (x0, y0), radius
    ' 绘制任意曲线
    Case 1
        pic2DCAD.Line -(X, Y)
```

```
    End Select
xnow = X
ynow = Y
End If
End Sub

Private Sub pic2dcad_MouseUp(Button As Integer, Shift As Integer, X _
As Single, Y As Single)
'结束画图
CanDraw = False
End Sub
```

12. 保存工程，单击工具栏上的 ▶ 按钮，运行程序。先选择对应图形的菜单命令，然后在图片框上按住鼠标左键并拖曳，便可以绘制出各种图形，如图 9-19 所示。

13. 在图片框中，单击鼠标右键，弹出【图形】菜单的子菜单。

14. 单击工具栏中的 ■ 按钮，停止程序。

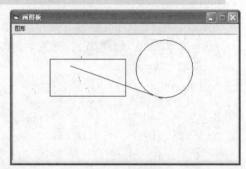

图9-19 简单绘图板

【案例小结】

在本案例中，按下鼠标左键时，通过变量 x0、y0、xnow 和 ynow 保存了鼠标按下的位置；鼠标移动时，由于 xnow、ynow 保存的是鼠标当前的位置，如果就这样直接画图，则每移动鼠标一次，就会画出一幅图。为了实现拖曳的效果，在鼠标移动事件中画了两次图，一次是清除上一次画的图，一次在鼠标当前位置和鼠标按下位置之间画图（读者不妨删除其中的一次画图方法，查看有什么效果）；松开鼠标时结束画图。在本案例中，由于【DrawMode】属性被设为"2"，即表示画笔颜色与当前屏幕颜色相反，这样就可以通过在同一位置绘制同样的图形，将先前所绘制的图形"掩盖"起来，从而达到擦除先前所画图形的效果。

9.4 案例 3 —— 贪吃小精灵

设计如图 9-20 所示的贪吃小精灵。小精灵先咬住圆球，在合上嘴时，圆球跳出。接着小精灵又咬住圆球，但在合上嘴时，圆球又跳出，如此重复。

【操作步骤】

1. 新建一个标准工程。
2. 向窗体中添加两个定时器控件。
3. 双击窗体空白处，为其添加 Load 事件。
4. 在代码窗口中，单击对象列表框右侧的箭头，在下拉列表中选择【Timer1】选项，为其添加 Timer 事件。

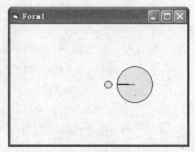

图9-20 贪吃小精灵

5. 按照同样的方法，选择【Timer2】选项，为其添加 Timer 事件。

6. 按照同样的方法，在对象列表框中选择【Form1】选项，在过程列表框中选择
　　【KeyPress】选项。

7. 为各个事件添加如下代码：

```
Option Explicit
Dim i As Integer

Private Sub Form_KeyPress(KeyAscii As Integer)
'按任意键退出程序
Unload Form1
End Sub

Private Sub Form_Load()
Form1.BackColor = vbWhite
Form1.ForeColor = vbBlack
Form1.Scale (0, 0)-(5000, 5000)
Timer1.Interval = 1000
End Sub

Private Sub Timer1_Timer()
'定时器 1 用于控制张嘴
If i > 5000 Then
    i = 0
End If
'圆心的横坐标定时左移
i = i + 250
Form1.FillStyle = 0
Form1.FillColor = vbYellow
Form1.Cls
'先绘制圆球
Form1.Circle (Form1.ScaleWidth - 750 - i, 2500), 100
'然后绘制张开的嘴，以实心带起始终止线的圆弧代替
Form1.Circle (Form1.ScaleWidth - 500 - i, 2500), 500, , -3.67, -2.61
Timer2.Interval = 1000
End Sub

Private Sub Timer2_Timer()
'定时器 2 用于控制闭嘴
Form1.Cls
'先将圆球绘制在圆外
Form1.Circle (Form1.ScaleWidth - 1250 - i, 2500), 100
'再合嘴，同样以实心带起始终止线的圆弧代替
```

```
Form1.Circle (Form1.ScaleWidth - 500 - i, 2500), 500, , -3.17, -3.11
End Sub
```

8. 保存工程，单击工具栏上的 ▶ 按钮，运行程序。小精灵总想吃下圆球，但总被圆球跑掉，小精灵便一直从窗体的右边追到左边。

9. 在键盘上单击任何键，退出程序。

【案例小结】

在 Visual Basic 6.0 中，读者也可以制作简单的动画，这种动画不是平时在电视上所看的卡通动画，而只是能够动起来的图形。为了让图形动起来，最常用的方法便是使用定时器控件。使用 Visual Basic 6.0 所提供的方法或控件在图片框（窗体）上画图时，所绘制的图形一般都是静止不动的，但如果使用定时器定时的在图片框（窗体）上绘制图形，便可以让所绘制图形动起来，并且还可以通过改变定时器的【Interval】属性来改变图形移动的速度。

9.5 案例 4 —— 红绿灯设计

设计如图 9-21 所示的红绿灯程序。当汽车开到红绿灯前面时，如果为红灯，则必须停下来；如果为绿灯，则可继续行驶。

【操作步骤】

1. 新建一个标准工程。

2. 向窗体中添加两个定时器控件和两个图像框控件，调整各控件的位置至如图 9-22 所示。

图9-21 红绿灯演示程序

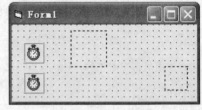

图9-22 调整后的窗体

3. 将两个图像框控件的【名称】属性分别设为 "imgLamp"、"imgCar"，并将【Stretch】属性都设为 "True"。

4. 双击窗体空白处，为其添加 Load 事件。

5. 在代码窗口中，单击对象列表框右侧的箭头，在下拉列表中选择【Timer1】选项，为其添加 Timer 事件。

6. 按照同样的方法，选择【Timer2】选项，为其添加 Timer 事件。

7. 为各事件添加如下响应代码：

```
Option Explicit
Dim a As Integer, b As Boolean
Dim cleft As Integer
Private Sub Form_Load()
Timer2.Enabled = True
b = True
cleft = imgCar.Left
```

```vb
imgLamp.Picture = LoadPicture("红灯.ico")
imgCar.Picture = LoadPicture("cars.ico")
End Sub

Private Sub Timer1_Timer()
'定时器1用于红、绿、黄灯交替亮

a = a + 1
If a > 6 Then
    a = 1
End If
Select Case a
    Case 1
        imgLamp.Picture = LoadPicture("黄灯.ico")
    Case 2, 3
        imgLamp.Picture = LoadPicture("红灯.ico")
    Case 4, 5, 6
        imgLamp.Picture = LoadPicture("绿灯.ico")
        '绿灯时，汽车才可以行驶
        If b Then
            Timer2.Enabled = b
        End If
    End Select
End Sub

Private Sub Timer2_Timer()
'定时器2用于汽车的开动

'汽车开到最左边，又从右边开始行驶
If imgCar.Left < 0 Then
    imgCar.Left = cleft
End If
'当绿灯亮且汽车开到了红绿灯前时，汽车才能通过
If (a < 4) And (imgCar.Left > imgLamp.Left And imgCar.Left < _
imgLamp.Left + imgLamp.Width) Then
    Timer2.Enabled = False
Else
'定时向左行驶汽车
    imgCar.Left = imgCar.Left - 10
End If
End Sub
```

8. 保存工程，单击工具栏上的 ▶ 按钮，运行程序。汽车从右边开到左边，遇到红灯停下来；遇到绿灯则继续行驶。

9. 单击工具栏上的 ■ 按钮，停止程序。

【案例小结】

和绘图一样，图片框或图像框所显示的图片也是静止不动的，但如果使用定时器定时地在图片框或图像框中显示一系列动作的图片，也可让图片中的图案动起来。如本案例中，红、绿、黄灯的交换变亮便是通过定时显示3张图片实现的。

习题

一、填空题

1. 图片框和图像框都可以用来显示图片，但可以在____上画图，而不能在____上画图。

2. 为了将整幅图片显示在图片框中，必须将图片框的_____属性设为_____。

3. 用户建立自己的坐标系，可以通过同时设置图片框或窗体的_____、_____、_____、_____这4个属性来建立。

4. 在用图片框来绘图之前，除了要建立好坐标系之外，还必须设置好线条的类型、线条的宽度、绘图的模式、填充的样式和填充的颜色，其中线条类型由_____属性来设置，线条宽度_____属性来设置，绘图模式由_____属性来设置，填充样式由_____属性来设置，填充颜色由_____属性来设置。

5. 如果要将图片框中所有的图形都清除掉，可以通过使用_____方法来实现，_____方法可以用来画点，_____方法可以用来画直线，_____方法可以用来画圆、圆弧、椭圆。

6. 用直线控件来绘制直线时，直线的起始位置由_____和_____属性来确定，终止位置由_____和_____属性来确定，直线的宽度由_____属性来决定。

二、选择题

1. 图片框和图像框都是通过以下哪个属性来设置显示的图片的？_____
   A.【MouseIcon】 B.【Image】 C.【Picture】 D.【Icon】

2. 将【DrawWidth】属性设置为大于1的数，则【DrawStyle】属性自动设为_____。
   A. 0 　　　　 B. 1 　　　　 C. 2 　　　　 D. 3

3. 在图片框中所绘制图形的颜色与下面哪个属性有关？_____
   A.【DrawStyle】 B.【DrawMode】 C.【DrawWidth】 D.【ScaleMode】

4. 如果要在图片框中绘制一个既带起始边界线又带终止边界线的圆弧，圆心坐标为(1000,1000)，圆弧半径为200，则下面代码正确的是_____。
   A. Picture1.circle(1000,1000),200，2，4
   B. Picture1.Circle(1000,1000),200，−2，4
   C. Picture1.Circle(1000,1000),200，2，−4
   D. Picture1.Circle(1000,1000),200，−2，−4

5. 用形状控件来显示各种不同图形时，所显示的图形由_____属性来决定。

A.【Picture】 B.【Image】 C.【Shape】 D.【Icon】

三、简答题

1. 如何向图片框和图像框中加载图片？

2. 用图片框和图像框如何实现对图片的放大和缩小？

3. 如何绘制点、直线、矩形、圆、圆弧和椭圆？

四、程序设计题

1. 用两种方法在窗体上绘制一个矩形。矩形左上角的坐标为(1000,1000)，矩形的宽为800，高为600。

2. 编写一个程序，实现在图片框上拖曳画圆的功能。即在图片框上按住鼠标左键不放，在图片框上拖曳鼠标，便在图片框上绘制一个圆，并且所绘的圆随着鼠标的移动而移动，松开鼠标，便结束圆的绘制（参考综合案例）。

3. 使用 Pset 方法设计一个在窗体上动态绘制正弦曲线的程序。

4. 设计一个简单的扫描仪，如图 9-23 所示。

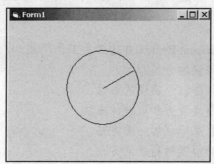

图9-23　扫描仪

第10章

程序调试与维护

编写任何一种计算机语言都难免出错，而且程序越大、代码越复杂，越容易出现错误。有些错误是可以避免的，而有些错误是不可避免的；有些错误对程序的运行影响不大，而有些错误对程序运行的影响是致命的。因此，有效的调试手段和完善的错误处理手段对于每个编程人员来说都是必需的。这也是本章所要介绍的主要内容。

❖ 了解 Visual Basic 6.0 的 3 种工作模式。
❖ 了解错误的分类。
❖ 掌握预防编译错误的方法。
❖ 掌握断点设置和取消的方法。
❖ 掌握程序调试的一般方法。
❖ 掌握捕捉实时错误的方法。
❖ 掌握使用窗口来调试程序的方法。

10.1 知识解析

编写程序时，出现错误是一件很正常也并不可怕的事。程序是在不断的改进中得到完善的，只要掌握一定的调试与维护程序技巧，错误是完全有可能被避免的，但这要建立在一定的编程经验之上。

10.1.1 Visual Basic 6.0 工作模式

为了及时发现错误，有必要先知道程序是在何种模式下工作。Visual Basic 6.0 为用户提供了设计、运行和中断 3 种工作模式。在设计模式下，用户可以进行设计工作，完成窗体的设计和程序代码的编写；在运行模式下，用户只能查看程序运行的结果以及程序代码，但不能修改程序代码；在中断模式下，应用程序暂时被停止，用户可以在程序暂停时调试和修改程序。

在 Visual Basic 6.0 主界面的工具栏中有 3 个快捷按钮，允许用户在这 3 种模式之间切换，如图 10-1 所示。在设计阶段，只有 ▶ 按钮可用，其余按钮不可用，如图 10-2 所示；单击 ▶ 按钮，程序便进入运行阶段，只有 ▶ 按钮变为不可用，如图 10-3 所示；在程序运行时，如果单击 ‖ 按钮，则程序进入中断模式，此时只有 ‖ 按钮不可用，如图 10-4 所示。

图10-1　工具栏

图10-2　设计阶段　　　图10-3　运行阶段　　　图10-4　中断阶段

10.1.2　编译错误预防

编写程序时，错误可以说是千差万别，各不相同。有些错误是由于用户执行了非法的操作所造成的，而有些错误是由于逻辑上的错误所造成的；有些错误是很容易被发现，而有些错误却很隐蔽，不易被发现。在 Visual Basic 6.0 中，错误被分为编译错误、实时错误和逻辑错误 3 大类。

编译错误主要是由于用户没有按语法要求来编写代码所造成。例如，将变量或关键字写错了，漏写一些标点符号，或者是少写了配对语句等都会产生编译错误。编译错误一般出现在程序的设计或编译阶段，并且很容易被监测到。例如，在某个事件中，添加了如下代码：

```
InputBox("请输入数据","数据输入")
```

然后按 Enter 键换行，这时便会弹出如图 10-5 所示的编译错误提示框，提示用户出现编译错误。在使用 if 语句时，如果少写了配对语句 End If，也会产生编译错误，但这种编译错误在程序的编写阶段并不会被监测到，程序一旦运行，便会立即弹出如图 10-6 所示的编译错误提示框。

编译错误一般是可以避免的。Visual Basic 6.0 为用户提供的自动语法检查功能，可以很容易地捕捉到编译错误。选择【工具】/【选项】命令，弹出图 10-7 所示的【选项】对话框。在【编辑器】选项卡中，可以看到【自动语法检测】复选框默认被勾选。因此一旦遇到语法错误，便会弹出编译错误提示框，并且以醒目的样式显示错误所在的代码行。为了能够及时发现编译错误，在编写程序时，变量必须被声明之后才能够被使用。为了强调变量必须被声明，可以在程序的开始部分添加 Option Explicit 语句。在【选项】对话框中，如果勾选【要求变量声明】复选框，则 Visual Basic 6.0 会自动在程序的开始添加 Option Explicit 语句，但必须在未添加任何代码之前勾选该复选框。

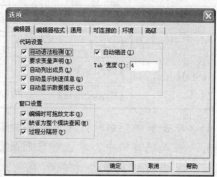

图10-5　编译错误提示框（1）

图10-6　编译错误提示框（2）

图10-7　【选项】对话框

10.1.3 实时错误捕捉

实时错误一般在运行过程中才会出现，主要是由于执行了不能执行的操作而引起的。例如，在进行除法运算时，除数为零，就会弹出如图 10-8 所示的提示框；在写文件时，磁盘已满等都会引起实时错误。如果程序不能处理这类错误，就会使程序被意外终止，甚至会导致死机。因此在设计程序之前，必须将可能出现的错误都考虑进去，然后编写相应的错误处理程序来捕获实时错误，并执行相应的错误处理操作。

图10-8 实时错误提示框

在 Visaul Basic 6.0 中，实时错误可以通过 On Error 语句来捕获，具体语法结构如下：

```
On Error GoTo 行号或行标号
```

其中"行号或行标号"为错误处理程序所在的起始位置。如果 On Error 语句捕获到了实时错误，便会暂停执行剩下的代码，立即跳转到错误处理程序。

实时错误处理程序执行完毕之后，如果想恢复程序的运行，可以使用 Resume 语句来完成，其语法结构有以下 3 种形式。

- Resume 0 或 Resume：结束实时错误处理程序，并从产生错误的语句开始恢复运行。
- Rexume Next：结束实时错误处理程序，并从产生错误的语句的下一个语句开始恢复运行。
- Resume line：其中参数 line 是行标签或行号，用来指定从第几行开始恢复运行，参数 line 所指定的行必须和错误处理程序处于同一个过程中。

【例10-1】实时错误处理。

【操作步骤】

图10-9 调整后的窗体

1. 新建一个标准工程。
2. 向窗体中添加一个标签控件、一个文本框控件、一个列表框控件，调整各个控件的位置至如图 10-9 所示。
3. 按表 10-1 设置各控件属性。

表 10-1　　　　　　　　　　　　　控件属性

控件	属性	属性值	控件	属性	属性值
标签控件 Label1	【名称】	lblTest	文本框控件 Text1	【名称】	txtResult
	【Caption】	空		【Text】	空
	【BorderStyle】	1-Fixed Single	列表框控件 List1	【名称】	lstTest

4. 双击窗体空白处，为窗体添加 Load 事件。
5. 在代码窗口中，单击对象列表框右侧的箭头，在下拉列表中选择【txtResult】选项，再单击过程列表框右侧的箭头，在下拉列表中选择【KeyPress】选项，为文本框添加 KeyPress 事件。

6. 在代码窗口中删除文本框的 Change 事件，然后添加如下响应代码：

```
Option Explicit
Dim result As Double
Private Sub Form_Load()
  Dim num1 As Integer, num2 As Integer
  Dim nop As Integer, op As String
  '随机产生两个整数
  num1 = Int(10 * Rnd)
  num2 = Int(Rnd)
  '随机产生 0、1、2 或 4，用于生成运算符号
  nop = Int(4 * Rnd + 1)
  '产生运算符号和运算后的结果
  Select Case nop
    Case 1
      op = "+"
      result = num1 + num2
    Case 2
      op = "-"
      result = num1 - num2
    Case 3
      op = "*"
      result = num1 * num2
    Case 4
      op = "/"
      result = num1 / num2
  End Select
  lblTest = num1 & op & num2 & "="
End Sub

Private Sub txtresult_KeyPress(KeyAscii As Integer)
'如果按下 Enter 键，先将题目和计算的结果添加到列表框中，然后重新生成题目
If KeyAscii = 13 Then
    If Val(txtResult.Text) = result Then
      lstTest.AddItem (lblTest.Caption & txtResult.Text & "     " & "Y")
    Else
      lstTest.AddItem (lblTest.Caption & txtResult.Text & "     " & "N")
    End If
    txtResult = ""
    txtResult.SetFocus
    Form_Load
```

```
End If
End Sub
```

7. 保存工程，单击工具栏上的 ► 按钮，运行程序。标签控件中显示数学题目，在文本框中输入答案，然后按 Enter 键，题目、答案以及对答案的判断（Y 表示对，N 表示错）便会显示在列表框中，这时弹出如图 10-8 所示的实时错误提示框。

8. 单击 调试(D) 按钮，返回到代码窗口中（如果单击 结束(E) 按钮，则直接停止程序），以黄色光条的样式标识错误出现的位置，如图 10-10 所示。

9. 单击工具栏上的 ■ 按钮，停止程序。

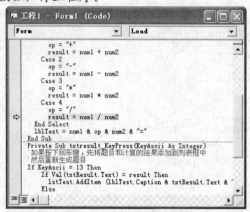

图10-10　出错后的代码窗口

10. 为了消除除数为零的实时错误，在窗体的 Load 事件中增加如下加粗的代码：

```
Private Sub Form_Load()
  Dim num1 As Integer, num2 As Integer
  Dim nop As Integer, op As String
  '实时错误捕获
  On Error GoTo errproce
  '随机产生两个整数
  num1 = Int(10 * Rnd)
  num2 = Int(Rnd)
  '随机产生 0、1、2 或 4，用于生成运算符号
  nop = Int(4 * Rnd + 1)
  '产生运算符号和运算后的结果
  Select Case nop
    Case 1
      op = "+"
      result = num1 + num2
    Case 2
      op = "-"
      result = num1 - num2
    Case 3
      op = "*"
```

```
    result = num1 * num2
  Case 4
    op = "/"
    result = num1 / num2
 End Select
 lblTest = num1 & op & num2 & "="
'实时错误处理
errproce:
  Resume Next
End Sub
```

11. 保存工程，单击工具栏上的 ▶ 按钮，运行程序。输入第 1 题答案后，按下 Enter 键，不再弹出实时错误提示框，新的题目又显示在标签控件中。当做到第 3 道题时，又弹出如图 10-11 所示的溢出实时错误提示框。

12. 单击 调试(D) 按钮，返回到代码窗口中，以黄色光条的样式标识错误出现的位置，如图 10-12 所示。这时由于除数和被除数都为零，result 的值溢出，即超出双精度所能代表的范围。

13. 单击工具栏上的 ■ 按钮，停止程序。

图10-11　实时错误提示框

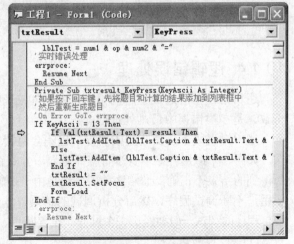

图10-12　出错后的代码窗口

14. 为了消除溢出的实时错误，在文本框的 KeyPress 事件中增加如下加粗的代码：

```
Private Sub txtresult_KeyPress(KeyAscii As Integer)
'如果按下 Enter 键，先将题目和计算的结果添加到列表框中，然后重新生成题目
On Error GoTo errproce
If KeyAscii = 13 Then
    If Val(txtResult.Text) = result Then
      lstTest.AddItem (lblTest.Caption & txtResult.Text & "     " & "Y")
    Else
      lstTest.AddItem (lblTest.Caption & txtResult.Text & "     " & "N")
    End If
    txtResult = ""
```

```
    txtResult.SetFocus
    Form_Load
End If
errproce:
 Resume Next
End Sub
```

15. 保存工程，单击工具栏上的 ▶ 按钮，运行程序。增加实时错误处理程序后，无论做多少道题，都不再会弹出实时错误提示框。

16. 单击工具栏上的 ■ 按钮，停止程序。

① 实时错误很容易出现在数学运算、打开或保存文件中，因此在编写这两类程序，一定要注意，最好要编写实时错误处理程序。实时错误处理一般要经历两个过程，首先进行实时错误捕获，然后再对实时错误进行处理。

② 在动手操作中，为了避免出现除数为 0 而程序无法运行的情况，在程序中专门添加了实时错误处理程序。代码如下：

On Error GoTo errproce

用于捕获实时错误，其中 "errproce" 错误处理代码所在行的标志，一旦出现实时错误（除数为 0）便会直接跳到 "errproce" 标示的错误处理程序。

10.1.4 逻辑错误处理

逻辑错误不会造成程序的中断，并且也有运行结果输出，但运行的结果和设计的目标不一致，是 3 类错误中最难处理的。

逻辑错误既不能被监测或捕捉，也不会有错误提示框提示出错，是 3 类错误最难被发现的。如果一个应用程序本身没有编译错误，并且在运行过程中也没有出现实时错误，但运行后所得到的结果不正确，通常这种情况都是由于逻辑错误造成的。这类错误的排除最为复杂，需要用户不断调试程序，然后分析调试的结果，才能发现错误产生的原因。在 Visual Basic 6.0 中，程序的调试一般要经历 3 个过程：设置断点、使用窗口监视程序、控制程序运行。

（1）设置断点。

如果怀疑某条或某段语句是产生逻辑错误的原因，可以通过设置断点，让程序暂停下来，然后通过【调试】菜单或【调试】工具栏来调试程序，找到逻辑错误出现的位置。断点的设置，可以通过以下步骤来完成。

① 在代码窗口中将光标移到待设置断点的代码行。

② 在代码行左侧的边界指示区单击鼠标或直接按 F9 键，该代码行会以反白样式显示，并且在边界指示区会出现一个实心小圆点 ●，表示断点已设置完毕，如图 10-13 所示。如果再次在边界指示区单击鼠标或直接按 F9 键，则取消断点的设置。

（2）使用窗口监视程序。

程序运行过程中，一旦遇到断点，便会暂停下来，进入到中断模式。在中断模式下，用户可以打开一些窗口来查看或监视程序。Visual Basic 6.0 共提供了 3 种面板用于查看或监视程序，即【本地】面板、【立即】面板和【监视】面板。

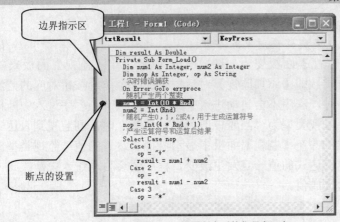

图10-13　设置断点后的代码窗口中

① 【本地】面板。

【本地】面板是用来显示当前过程中所有变量的值，
它只显示当前过程中可用的变量，如果过程发生改变，则
【本地】面板所显示的变量也会跟着改变。在中断模式
下，选择【视图】/【本地窗口】命令或单击【调试】工
具栏上的 按钮，便可以调出【本地】面板，如图 10-14
所示。

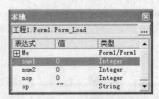

图10-14　【本地】面板

② 【立即】面板。

【立即】面板通常是用来查看某个变量或属性的值。在中断模式下，选择【视图】/【立
即窗口】命令或单击【调试】工具栏上的 按钮，便可以调出【立即】面板，如图 10-15 所
示，它一般显示在窗口最下面，拖动其标题栏便可以将其移动。【立即】面板只是为用户提供
一个命令窗口，用户要想查看某个变量值或某个属性值，只需在【立即】面板中输入相应的
变量名或属性名，并在变量名或属性名前加一个问号，输入完毕后，按 Enter 键换行，这时所
输入的变量值或属性值便会显示在下一行，如图 10-16 所示。除了可以查看变量值或属性值
之外，还可以利用【立即】面板来更改变量值或属性值，如图 10-17 所示。

图10-15　【立即】面板

图10-16　查看变量或属性值

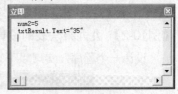

图10-17　设置变量或属性值

③ 【监视】面板。

【监视】面板是用来监视某一个变量或表达式变化的情况。在中断模式下，选择【视
图】/【监视】面板命令或单击【调试】工具栏上的 按钮，便可以调出【监视】面板，如
图 10-18 所示。为了让【监视】面板起到监视程序的功能，还需添加监视的对象，具体添加
过程如下。

- 选择【调试】/【添加监视】命令，弹出【添加监视】对话框，如图 10-19 所示。
- 在【表达式】文本框中输入要监视的对象，可以是变量，也可以是一个表达
  式，还可以是控件或窗体的某个属性，在【上下文】栏中选择要监视的范围，

在【监视类型】栏中选择监视类型。

- 单击 ▭确定▭ 按钮，完成监视对象的添加。

添加监视对象后，【监视】面板变为如图 10-20 所示。用【监视】面板来监视表达式时，有 3 种不同的监视方式，即【添加监视】对话框中的 3 个单选按钮对应的监测类型。监视类型为"监视表达式"时，程序不会自动进入中断模式，只有当程序进入中断模式后才会监视表达式并显示其值；监视类型为"当监视值为真时中断"时，则监视到表达式为真时程序便会自动进入中断模式，并在【监视】面板中显示监视表达式的值；监视类型为"当监视值改变时中断"时，监视表达式的值一旦发生改变，程序便会自动进入中断模式，并在【监视】面板中显示监视表达式的值。

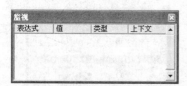

图10-18　无监视对象的【监视】面板

图10-19　【添加监视】对话框

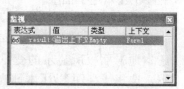

图10-20　有监视对象的【监视】面板

(3) 控制程序运行。

程序代码设计完毕后，直接单击 ▸ 按钮，则程序直接运行完毕，程序的运行过程不可见。为了调试程序，查找逻辑错误出现的位置，在程序进入中断模式后，可采用逐语句地运行程序或逐过程地运行程序，具体过程如下。

- 逐语句地运行程序：单击【调试】工具栏上的 ▭ 按钮或选择【调试】/【逐语句】命令，程序便逐语句运行，即每单击一次 ▭ 按钮，程序运行一条语句。运行完一句后，程序便进入中断模式。
- 逐过程地运行程序：单击【调试】工具栏上的 ▭ 按钮或选择【调试】/【逐过程】命令，程序便逐过程运行，即每单击一次 ▭ 按钮，程序运行完一个过程。运行完一个过程后，程序便进入中断模式。

【例10-2】 九九乘法表的设计。

设计一个程序，实现以下功能：在窗体上单击鼠标，显示如图 10-21 所示的九九乘法表。

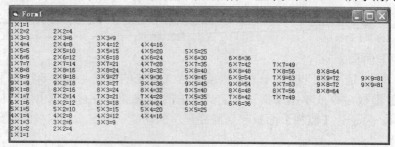

图10-21　九九乘法表

【操作步骤】

1. 启动 Visual Basic 6.0，新建一个标准工程。

2. 双击窗体空白处，为窗体添加 Load 事件，在代码窗口中删除 Load 事件。

3. 在代码窗口中为窗体添加 Click 事件，并在事件中添加如下代码：

```
Option Explicit
Private Sub Form_Click()
Dim i, j, m, n As Integer
Dim s As String
Form1.AutoRedraw = True
For i = 1 To 9
    For j = 1 To i
        s = i * j
        Print j & "×" & i & "=" & s,
    Next j
    Print
Next i
For m = 1 To 9
    For n = 1 To 9 - m
        s = (9 - m) * n
        Print (9 - m) & "×" & n & "=" & s,
    Next n
    Print
Next m
End Sub
```

4. 保存工程，单击工具栏上的 ▶ 按钮，运行程序。在窗体上单击鼠标，显示如图 10-22 所示的九九乘法表。

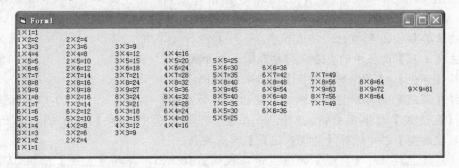

图10-22 九九乘法表

说明

比较图 10-21 和图 10-22，可以看出程序执行的结果和设计的目标不一致，图 10-22 所示的乘法表中间少了一行。

5. 单击工具栏上的 ■ 按钮，停止程序。

6. 单击【工程】窗口的 ▤ 按钮，打开代码窗口。

7. 单击代码 "s = (9 − m) * n" 所在的行，让光标停在该代码行，然后在左侧的边界指示区上单击鼠标或直接按 F9 键，在该代码行设置一个断点，如图 10-23 所示。

8. 选择【视图】/【工具栏】/【调试】命令，将【调试】工具栏显示到主界面上。

9. 单击 ▶ 按钮，运行程序。在窗体上单击鼠标，程序暂停在 "s = (9 - m) * n" 代码行，如图 10-24 所示。

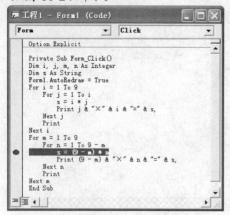

图10-23　设置断点后的代码窗口

图10-24　中断模式下的代码窗口

10. 单击【调试】工具栏上的 ▣ 按钮或选择【视图】/【本地窗口】命令，【本地】面板显示在代码窗口的下面。拖动【本地】面板让其单独显示。当前过程中所使用变量以及窗体的有关属性都会显示在【本地】面板中，如图 10-25 所示。

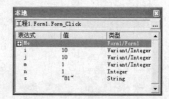

图10-25　【本地】面板

11. 单击【Me】列表行前面的 "+"，便可以展开当前窗体的所有属性及属性值。

12. 单击【调试】工具栏上的 ▣ 按钮，让程序继续逐语句地运行。随着程序的不断运行，【本地】面板中的变量值也在不断变化。

13. 通过不断地逐语句运行程序，会发现变量 n 每次循环都少循环了一次，因此使得程序运行结果少了一行。

14. 单击工具栏上的 ■ 按钮，停止程序。

15. 单击【工程】面板中的查看代码按钮 ▣，打开代码窗口。

16. 选择【调试】/【清除所有断点】命令，清除断点。

17. 选择【调试】/【添加监视】命令，弹出【添加监视】对话框，如图 10-19 所示。

18. 在【表达式】文本框中输入 "m"，在【上下文】栏中选择【Form_Click】选项，在【监视类型】栏中选择【监视表达式】单选按钮。

19. 单击 确定 按钮，【监视】面板显示在代码窗口下面。拖动【监视】面板让其单独显示，如图 10-26 所示。

20. 再次选择【调试】/【添加监视】命令，弹出【添加监视】对话框，在【表达式】文本框中输入 "n"，在【上下文】栏中选择【Form_Click】选项，在【监视类型】栏中选择【当监视值改变时中断】单选按钮。

21. 单击 确定 按钮，在【监视】面板中新建一个监视项，如图 10-27 所示。

22. 再次单击 ▶ 按钮，运行程序。程序暂停在 "s = (9 - m) * n" 代码行，并且【监视】面板中，变量 m 的值变为 1，变量 n 的值变为 1。

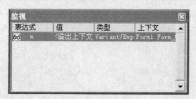

图10-26 新增监视表达式的【监视】面板　　　　　图10-27 【监视】面板

23. 单击 ▶ 按钮，继续运行程序，程序再次暂停在 "s = (9 − m) * n" 代码行，同时【监视】面板中变量 n 的值变为 2，变量 m 的值仍为 1。

24. 依次单击 ▶ 按钮，继续运行程序，直到在窗体上显示执行结果，【监视】面板中变量 m、n 的值随着程序的不断运行也不断发生改变。

25. 通过监视变量 m、n 的变化过程，同样会发现变量 n 每次循环都少循环了一次，因此程序运行结果少了一行。

26. 单击工具栏上的 ■ 按钮，停止程序。

27. 单击【工程】面板中的查看代码按钮 ▤，打开代码窗口。

28. 在【监视】面板中，单击选中监视变量 n 所在行，然后单击鼠标右键，在弹出的菜单中选择【编辑监视】命令，弹出【编辑监视】对话框，如图 10-28 所示，在该对话框中可以编辑已添加的监视对象。

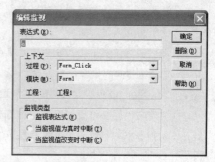

图10-28 【编辑监视】窗口

29. 单击 删除(D) 按钮，删除监视变量 n。

30. 单击 确定 按钮，返回代码窗口。

31. 单击选中监视变量 m 所在行，然后单击鼠标右键，在弹出的菜单中选择【删除监视】命令，删除监视变量 m。

32. 通过调试程序，找到运行结果与设置目标不一致的原因，即每次循环过程中变量 n 都少进行了一次循环，因此有必要修改程序，修改后的代码如下（加粗部分）：

```
Option Explicit
Private Sub Form_Click()
Dim i, j, m, n As Integer
Dim s As String
Form1.AutoRedraw = True
For i = 1 To 9
    For j = 1 To i
        s = i * j
        Print j & "×" & i & "=" & s,
    Next j
    Print
Next i
For m = 1 To 9
    For n = 1 To 10 - m
```

```
        s = (10 - m) * n
        Print (10 - m) & "×" & n & "=" & s,
    Next n
    Print
Next m
End Sub
```

33. 保存工程，单击 ▶ 按钮，运行程序。在窗体上单击鼠标，显示图 10-21 所示的九九乘法表，和设计目标一致。

① 由于逻辑错误主要是由于程序的逻辑关系发生错误造成的，使得程序的结果和预想结果不一致，因此这类错误一般很难被发现。不过，Visual Basic 专门为用户提供了 3 个用于调试的面板：【本地】面板、【监视】面板和【立即】面板，利用这 3 个面板，可以实时地监测到各个变量或属性是如何变化的，有利于分析逻辑错误产生的具体原因，但这 3 个面板只有在程序处于中断模式时，才会发挥作用。

② 除了使用上面介绍的方法，还可以使用 Stop 语句来设置断点。程序在运行的过程中，一旦遇到 Stop 语句，就会将 Stop 语句所在行看做是断点的位置，并暂停应用程序，进入中断模式。Stop 语句所设置的断点和直接设置的断点虽然实现的功能一样，但它们之间还存在着一定的差别。直接设置的断点，将随着应用程序的关闭而消失，而 Stop 语句是作为代码的一行而加入程序中的，因此不会随着程序的关闭而消失。

10.2 案例 —— 密码破解程序

设计如图 10-29 所示的破解密码程序，在【密码】文本框中输入密码。如果密码输入不正确，则弹出如图 10-30 所示的提示框。总共只有 3 次机会，如果 3 次都输入错误，则直接退出程序。如果密码正确，则弹出如图 10-31 所示的提示框。

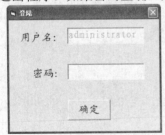

图10-29 破解程序界面

图10-30 密码输入错误提示框

图10-31 密码输入正确提示框

【操作步骤】

1. 启动 Visual Basic 6.0，新建一个标准工程，并将窗体的【名称】属性改为 "frmStar"。

2. 设计如图 10-29 所示的界面，然后将【用户名】文本框的【Enabled】属性设为 "False"，【密码】文本框的【名称】属性设为 "txtPass"，【PasswordChar】属性设为 "*"，命令按钮的【名称】属性设为 "cmdStar"，【Caption】属性设为 "确定"。

3. 双击命令按钮，为其添加 Click 事件，并添加如下响应代码：

```
Option Explicit
```

```
Private Sub cmdStar_Click()
Dim i As Integer
i = i + 1 '每输入一次，机会少一次
'输入密码正确，则显示计算器界面，如果输入错误，则提示重新输入
'每输错一次，机会减少一次，如果 3 次输入错误，则直接退出
If txtPass.Text = "12345" Then
  MsgBox "恭喜你，破解成功！", vbOKOnly + vbExclamation, _
    "破解成功！"
 Else
  If i = 3 Then
    MsgBox "3 次输入密码错误，你无权使用计算器！", vbOKOnly + vbCritical, _
    "警告！"
    Unload frmStar
  Else
    MsgBox "密码输入错误,你还有" + Str(3 - i) + "次机会", vbOKOnly _
    + vbCritical, "密码错误！"
    txtPass.SetFocus
    txtPass.SelStart = 0
    txtPass.SelLength = Len(txtPass.Text)
  End If
End If
End Sub
```

4. 保存工程，单击工具栏上的 ▶ 按钮，运行程序。在【密码】文本框中输入密码（这里假设输入密码错误），然后单击 确定 按钮，弹出如 10-31 所示的错误提示框。

5. 单击 确定 按钮，返回到主窗口。在【密码】文本框中输入密码（这里还是假设输入密码错误），然后单击 确定 按钮，仍然弹出 10-31 所示的错误提示框，但发现系统提示仍有两次机会。这样和程序的要求不一致，说明程序存在着逻辑错误。

6. 单击工具栏上的 ■ 按钮，停止程序。

7. 选择【视图】/【工具栏】/【调试】命令，将【调试】工具栏显示到主界面上。

8. 在代码行 "i=i+1" 处设置一个断点。

9. 保存工程，单击工具栏上的 ▶ 按钮，运行程序。在【密码】文本框中输入密码（这里假设输入密码错误），然后单击 确定 按钮，程序暂停在 "i=i+1" 代码行。

10. 单击【调试】工具栏上的 回 按钮或直接选择【视图】/【本地窗口】命令，【本地】面板显示在代码窗口下面。拖动【本地】面板让其单独显示。当前过程中所使用变量以及窗体的有关属性都会显示在【本地】面板中，此时 i 的值为 0，如图 10-32 所示。

11. 单击【调试】工具栏上的逐语句运行按钮 ，让程序继续逐语句地运行，直到整个 Click 事件运行完毕。在弹出的密码错误提示框中单击 确定 按钮。

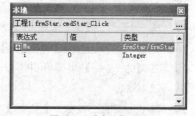

图10-32　【本地】面板

12. 在【密码】文本框中再次输入错误密码，然后单击 确定 按钮，程序暂停在代码行 "Private Sub cmdStar_Click()"。

13. 查看【本地】面板中 i 的值，发现 i 的值变为 0。

14. 单击【调试】工具栏上的逐语句运行按钮 ，让程序继续逐语句地运行。当运行完代码行 "i=i+1"，此时【本地】面板中 i 的值变为 1，而此时 i 的值应为 2，因此可以断定代码行 "Dim i As Integer" 存在逻辑错误。

15. 单击工具栏上的 ■ 按钮，停止程序。

16. 通过调试程序，找到运行结果与设置目标不一致的原因，即变量 i 每次都被重新声明，因此变量 i 的初值一直是 0，如果将变量 i 声明为静态变量，则该错误便可消除。修改后的代码如下（加粗部分）：

```
Option Explicit
Private Sub cmdStar_Click()
Static i As Integer
i = i + 1 '每输入一次，机会少一次
'输入密码正确，则显示计算器界面，如果输入错误，则提示重新输入
'每输错一次，机会减少一次，如果 3 次输入错误，则直接退出
If txtPass.Text = "12345" Then
  MsgBox "恭喜你，破解成功！", vbOKOnly + vbExclamation, _
    "破解成功！"
 Else
  If i = 3 Then
    MsgBox "3 次输入密码错误，你无权使用计算器！", vbOKOnly + vbCritical, _
    "警告！"
    Unload frmStar
  Else
    MsgBox "密码输入错误,你还有" + Str(3 - i) + "次机会", vbOKOnly _
    + vbCritical, "密码错误！"
    txtPass.SetFocus
    txtPass.SelStart = 0
    txtPass.SelLength = Len(txtPass.Text)
  End If
End If
End Sub
```

17. 选择【调试】/【清除所有断点】命令，清除断点。

18. 选择【调试】/【添加监视】命令，弹出【添加监视】对话框。

19. 在【表达式】文本框中输入 "i"，在【监视类型】栏中选择【当监视值改变时中断】单选按钮。

20. 单击 确定 按钮，【监视】面板显示在代码窗口中下面。拖动【监视】面板，让其单独显示，如图 10-33 所示。

21. 保存工程，单击工具栏上的 ▶ 按钮，运行程序。在【密码】文本框中输入密码（这里

假设输入密码错误），然后单击 <u>确定</u> 按钮，程序暂停在代码行 "If txtPass.Text = "12345" Then"，在【监视】面板中 i 的值变为 1。

22. 单击【调试】工具栏上的跳出按钮 ，跳出 Click 事件。在弹出的密码错误提示框中单击 <u>确定</u> 按钮。

23. 在【密码】文本框中再次输入错误密码，然后单击 <u>确定</u> 按钮，程序暂停在 "Private Sub cmdStar_Click()" 代码行。此时【监视】面板和【立即】面板中 i 的值为 1。

24. 单击【调试】工具栏上的 按钮，让程序逐语句运行。当运行完代码行 "i=i+1" 后，【监视】面板和【立即】面板中 i 的值变为 2，和程序要求一致。

25. 单击【调试】工具栏上的 按钮，跳出 Click 事件，弹出如图 10-34 所示的提示框。

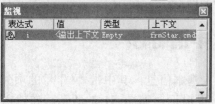

图10-33　【监视】面板

图10-34　密码错误正确提示框

26. 单击 <u>确定</u> 按钮，然后单击工具栏上的 ■ 按钮，停止程序。

本案例的错误还有一种解决办法，读者可以自行思考。

【案例小结】

程序错误是任何编程人员都会遇到的问题，在本章主要学习了如何排除和预防各种错误，让自己编写的应用程序尽可能完美。要快速准确地排除错误，编程人员除了要认真、细致以外，还要求具备一定的编程经验，丰富的经验是排除任何错误的最佳武器。

习题

一、填空题

1. 在 Visual Basic 6.0 中，程序共有_____、_____、_____ 3 种工作模式。

2. 在 Visual Basic 6.0 中，错误有_____、_____、_____3 种类型。其中_____最容易被监测到，_____最难以被发现。

3. 实时错误的捕获，可以通过_____语句来显示，退出实时错误处理程序可以用_____语句来完成。

二、简答题

1. 如何设置和取消断点？

2. 逐语句执行和逐过程执行是如何进行的？它们之间有什么区别？

3. 【本地】面板、【立即】面板和【监视】面板各有什么功能？

4. 如何设置监视表达式？

第11章

综合案例

通过前面 10 章的学习，读者应该掌握了使用 Visual Basic 6.0 进行可视化编程的方法，本章将通过 4 个综合案例来进一步熟悉前 10 章所学的内容。

11.1 综合案例 1 —— 模拟 QQ 号申请程序

设计如图 11-1 所示的 QQ 号申请界面，先输入基本信息，其中带"*"号的项为必填项。如果必填项没有填写，则在右侧对应的地方出现提示，如图 11-2 所示。在输入密码时，如果密码位数不足 6 位，弹出如图 11-3 所示的提示框。在输入全部必填资料后，勾选【我同意 QQ 用户服务条款】复选框（否则 ___确定___ 按钮为不可用），然后单击 ___确定___ 按钮，滚动条开始滚动，当滚动条滚动到最右边时，弹出如图 11-4 所示的提示框，模拟申请成功。在单击 ___确定___ 按钮时，只要有必填项没有填写，则会弹出如图 11-5 所示的提示框。

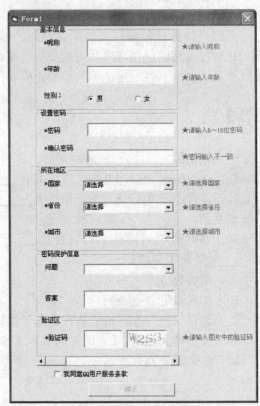

图11-1 模拟 QQ 号申请界面

图11-2 提示输入必填项

图11-3 密码错误提示框　　　　　图11-4 申请成功提示框　　　　　图11-5 资料不完整提示框

【操作步骤】

1. 启动 Visual Basic 6.0，新建一个标准工程。

2. 向窗体中添加 5 个框架控件、一个命令按钮控件、一个标签控件、一个水平滚动条、一个定时器控件和一个复选框控件，调整控件大小及位置至如图 11-6 所示。

3. 向框架 Frame1 中添加 3 个标签控件、两个文本框控件、两个单选按钮控件，向框架 Frame2 中添加两个标签控件、两个文本框控件，向框架 Frame3 中添加 3 个标签控件、3 个组合框控件，向框架 Frame4 中添加两个标签控件、一个组合框控件、一个文本框控件，向框架 Frame5 中添加一个标签控件、一个文本框控件、一个图片框控件（注意：控件是添加到框架中，而不是在窗体上）。

4. 再向窗体中添加一个标签控件，将标签控件的【名称】属性设为【lblInform】，【ForeColor】属性设为"红色"。选中该标签控件，然后按 Ctrl+C 组合键复制该控件。

5. 选中窗体，然后按 Ctrl+V 组合键粘贴第 4 步复制的标签控件，弹出创建控件数组对话框。

6. 单击 是(Y) 按钮，创建控件数组。

7. 依次按 Ctrl+V 组合键 7 次，向窗体中再添加 7 个标签控件，调整控件的大小和位置至如图 11-7 所示，按表 11-1 设置控件属性。

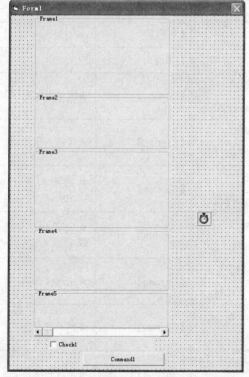

图11-6 调整后的窗体（1）

图11-7 调整后的窗体（2）

表 11-1 控件属性

控件	属性	属性值	控件	属性	属性值
Frame1	【Caption】	基本信息	Text6	【名称】	txtNumb
Frame2	【Caption】	设置密码		【Text】	空
Frame3	【Caption】	所在地区	Option1	【Caption】	男
Frmae4	【Caption】	密码保护信息	Option2	【Caption】	女
Frame5	【Caption】	验证区	Hscroll1	【名称】	hscMove
Label1	【Caption】	*昵称		【Max】	100
Label2	【Caption】	*年龄		【LargeChange】	20
Label3	【Caption】	性别		【Min】	0
Label4	【Caption】	*密码		【SmallChange】	10
Label5	【Caption】	*确认密码	Combo1	【名称】	cboCountry
Label6	【Caption】	*国家		【List】	空
Labe7	【Caption】	*省份	Combo2	【名称】	cboZone
Labe8	【Caption】	*城市		【List】	空
Labe9	【Caption】	问题	Combo3	【名称】	cboCity
Label0	【Caption】	答案		【List】	空
Label11	【Caption】	*验证码	Combo4	【名称】	cboQuestion
Text1	【名称】	txtName		【List】	空
	【Text】	空	Label12 lblInform(0)	【Caption】	★请输入昵称
Text2	【名称】	txtOld	Label12 lblInform(1)	【Caption】	★请输入年龄
	【Text】	空	Label12 lblInform(2)	【Caption】	★请输入 6～16 位密码
Text3	【名称】	txtPass	Label12 lblInform(3)	【Caption】	★密码输入不一致
	【PasswordChar】	*	Label12 lblInform(4)	【Caption】	★请选择国家
	【Text】	空	Label12 lblInform(5)	【Caption】	★请选择省份
	【MaxLength】	16	Label12 lblInform(6)	【Caption】	★请选择城市

控件	属性	属性值	控件	属性	属性值
Text4	【名称】	txtPassAgain	Label12 lblInform(7)	【Caption】	★请输入图片中的验证码
	【PasswordChar】	*	Check1	【名称】	chkAgree
	【Text】	空		【Caption】	我同意 QQ 用户服务条款
	【MaxLength】	16	Command1	【名称】	cmdOk
Text5	【名称】	txtAnswer		【Caption】	确定
	【Text】	空	Form1	【Caption】	QQ 申请
Picture1	【名称】	picNumb		【MinButton】	False
	【AutoSize】	True		【MaxButton】	False

8. 在代码窗口中输入以下代码，这里省略了事件的添加过程：

```
Option Explicit
Dim fnb As Integer

Private Sub cboCity_Click()
lblInform(6).Visible = (cboCity.Text = "请选择")
End Sub

Private Sub chkagree_Click()
'复选框被选中后，命令按钮才可用
cmdOk.Enabled = chkAgree.Value
End Sub

Private Sub cbocountry_click()
'当选择国家后，根据国家选择的不同，所对应的省份也不一样
Select Case cboCountry.ListIndex
Case 0
Label7.Visible = True
Label8.Visible = True
cboZone.Visible = True
cboCity.Visible = True
Case 1
Label7.Visible = True
Label8.Visible = True
cboZone.Visible = True
cboCity.Visible = True
cboZone.AddItem "北京"
```

```
cboZone.AddItem "广东省"
cboZone.AddItem "四川省"
cboZone.AddItem "湖南省"
Case 2
cboZone.Visible = False
cboCity.Visible = False
Label7.Visible = False
Label8.Visible = False
End Select
lblInform(4).Visible = (cboCountry.Text = "请选择")
End Sub

Private Sub cbozone_Click()
'当选择省份后，根据省份选择的不同，所对应的城市也不一样
Select Case cboZone.ListIndex
Case 1
cboCity.Clear
cboCity.AddItem "北京"
Case 2
cboCity.Clear
cboCity.AddItem "广州"
cboCity.AddItem "深圳"
cboCity.AddItem "珠海"
Case 3
cboCity.Clear
cboCity.AddItem "成都"
cboCity.AddItem "绵阳"
cboCity.AddItem "德阳"
Case 4
cboCity.Clear
cboCity.AddItem "成都"
cboCity.AddItem "绵阳"
cboCity.AddItem "德阳"
Case 5
cboCity.Clear
cboCity.AddItem "长沙"
cboCity.AddItem "株洲"
cboCity.AddItem "湘潭"
End Select
cboCity.ListIndex = 0
```

```
lblInform(5).Visible = (cboZone.Text = "请选择")
End Sub

Private Sub cmdOk_Click()
Dim i As Integer, fn As String
Dim t As Boolean
'先检查必填是否已填
For i = 0 To 7
    If lblInform(i).Visible = True Then
        t = True
        Exit For
    End If
Next i
If t = True Then
    MsgBox "请将必要信息填写完整！", vbCritical, "资料不完整"
Else
    Timer1.Interval = 1000
End If
End Sub

Private Sub Form_Load()
Dim i As Integer
Dim fn As String
cboCountry.AddItem "请选择"
cboCountry.AddItem "中华人民共和国"
cboCountry.AddItem "其他国家"
cboZone.AddItem "请选择"
cboCity.AddItem "请选择"
cboQuestion.AddItem "请选择"
cboQuestion.AddItem "你父亲的名字？"
cboQuestion.AddItem "你母亲的名字？"
cboQuestion.AddItem "你女朋友的名字"
cboCountry.ListIndex = 0
cboZone.ListIndex = 0
cboCity.ListIndex = 0
cboQuestion.ListIndex = 0
cmdOk.Enabled = chkAgree.Value
For i = 0 To 7
  lblInform(i).Visible = False
Next
fnb = 2 * Rnd
```

```
fn = Str(fnb + 1)
fn = Trim(fn)
picNumb.Picture = LoadPicture(fn & "." & "bmp")
End Sub

'定时滚动滚动条,表示在申请 QQ 号
Private Sub Timer1_Timer()
Dim fn As Integer
Dim QQ As Single
'滚动条滚动到最右边，表示已经申请完毕，否则表示还在申请中
'先显示申请结果，然后将申请窗口的值改为默认值，可以继续申请
If hscMove.Value = hscMove.Max Then
    Timer1.Interval = 0
    QQ = Int((8 * Rnd + 1) * 10000 + 9 * Rnd * 1000 + _
        (9 * Rnd + 1) * 100 + (9 * Rnd) * 10 + 9 * Rnd)
    MsgBox "昵称: " & txtName & Chr(13) & "QQ 号: " & Str(QQ) _
        & Chr(13) & "密码: " & txtPass.Text, vbInformation, "恭喜申请成功"
    txtName.Text = ""
    txtOld.Text = ""
    optMan.Value = False
    optGirl.Value = False
    txtPass.Text = ""
    txtPassAgain.Text = ""
    cboCountry.ListIndex = 0
    cboZone.ListIndex = 0
    cboCity.ListIndex = 0
    cboQuestion.ListIndex = 0
    txtAnswer.Text = ""
    txtNumb.Text = ""
    fnb = 2 * Rnd
    fn = Str(fnb + 1)
    fn = Trim(fn)
    picNumb.Picture = LoadPicture(fn & "." & "bmp")
    cmdOk.Caption = "确定"
Else
    hscMove.Value = hscMove.Value + hscMove.LargeChange
    cmdOk.Caption = "请稍等,QQ 号申请中"
End If
End Sub

Private Sub txtName_LostFocus()
```

```
lblInform(0).Visible = (txtName.Text = "")
End Sub

Private Sub txtNumb_LostFocus()
'检查验证码输入是否正确，如果验证没有通过，则在右边提示验证码输入错误
'以下检验过程类似
Dim s As Variant
s = Array("2WS3", "W2S3", "3W2S")
lblInform(7).Visible = (txtNumb.Text <> s(fnb))
End Sub

Private Sub txtOld_LostFocus()
'检查是否输入年龄
lblInform(1).Visible = (txtOld.Text = "")
End Sub

Private Sub txtPass_Click()
'提示密码输入规则
lblInform(2).Visible = (txtName.Text = "")
End Sub

Private Sub txtPass_LostFocus()
'检查密码输入是否合乎规则
If Len(txtPass.Text) < 6 Then
    MsgBox "密码位数必须大于6！", vbCritical, "密码错误"
    txtPass.SetFocus
    txtPass.SelStart = 0
    txtPass.SelLength = Len(txtPass.Text)
Else
    lblInform(2).Visible = False
End If
End Sub

Private Sub txtPassAgain_Lostfocus()
'检查确认密码是否一致
lblInform(3).Visible = (txtPass.Text <> txtPassAgain.Text)
End Sub
```

9. 保存工程，单击工具栏上的 ▶ 按钮，运行程序。输入必要信息后，单击 _____ 确定 _____ 按钮，便可以模拟申请 QQ 号，申请成功后弹出如图 11-4 所示的提示框。

10. 单击工具栏中的 ■ 按钮，停止程序。

【案例小结】

在本案例中，开发了一个模拟 QQ 号申请程序，基本上是按现实中 QQ 号申请界面来完

成的。在这个案例中，关于 Visual Basic 6.0 常用控件基本上都涉及到了，综合了以前所学控件操作的全部基础知识，主要用到以下知识。

- 控件的使用，包括常用基本控件属性（标签控件、命令按钮控件、文本框控件、单选按钮控件、复选框控件、组合框控件、定时器控件、图片框控件）的设置以及常用事件的添加。
- 组合框列表项添加的方法。
- 消息对话框的使用。
- 控件数组的添加。

11.2 综合案例 2 —— 打青蛙游戏设计

设计如图 11-8 所示的打青蛙游戏，游戏玩法如下：游戏开始后，带着笑脸的青蛙会随机地出现在窗体上，如果单击鼠标的位置刚好在笑脸青蛙出现的位置，则青蛙被击中；如果单击鼠标的位置不在笑脸青蛙出现的位置，则青蛙没被击中。整个游戏限时 30 秒，被击中的青蛙数和剩余时间分别对应显示在右下角。游戏结束时，如果击中 70%以上的青蛙，则弹出如图 11-9 所示的提示框，单击 ____确定____ 按钮，返回到游戏界面；如果击中 30%以上、70%以下的青蛙，则弹出如图 11-10 所示的提示框；如果击中青蛙数小于 30%，则弹出如图 11-11 所示的提示框。游戏具体操作如下。

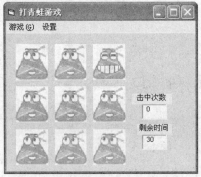
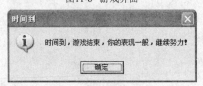

图11-8　游戏界面

图11-9　游戏结束第 1 种情况

图11-10　游戏结束第 2 种情况

图11-11　游戏结束第 3 种情况

- 选择【游戏】/【开始游戏】命令或直接按 F2 键，便可开始游戏。
- 选择【游戏】/【暂停】命令或直接按 F3 键，暂停游戏；游戏暂停后，菜单【游戏】/【暂停】变为【游戏】/【继续】；选择【游戏】/【继续】命令，继续游戏。
- 选择【游戏】/【重新开始】命令或直接按 F4 键，重新开始游戏。
- 选择【游戏】/【退出】命令，退出游戏。
- 选择【设置】/【难度】命令，设置游戏的难度。

【操作步骤】

1. 启动 Visual Basic 6.0，新建一个标准工程。

2. 将窗体的【名称】属性设为 "frmFrog"，【Caption】属性设为 "打青蛙游戏"。

3. 向窗体中添加两个标签控件、两个定时器控件和 9 个图像框控件，按表 11-2 设置有关控件属性，并调整控件大小及位置，如图 11-12 所示。

表 11-2　　　　　　　　　　　　控件属性

控件	属性	属性值
Label1	【Caption】	击中次数
Label2	【Caption】	剩余时间
Timer1	【Enabled】	False
Timer2	【Enabled】	False

4. 选择任意一个图像框控件，将其【名称】属性设为 "imgFrog"，【Stretch】属性设为 "True"，然后再选择另外一个图像框控件，也将其【名称】属性设为 "imgFrog"，单击窗体空白处，弹出创建控件数组对话框，单击 是(Y) 按钮，创建控件数组，并将【Stretch】属性也设为 "True"。

5. 将剩下的图片框控件的【名称】属性都设为 "imgFrog"，【Stretch】属性都设为 "True"。

6. 选中窗体，然后单击工具栏上的 按钮，弹出【菜单编辑器】对话框，并按表 11-3 设计菜单栏。

7. 菜单设计完毕后，单击 确定 按钮，返回窗体。

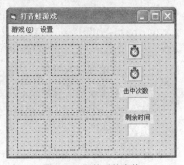

图11-12　调整后的窗体

表 11-3　　　　　　　　　　　　菜单属性

序号	属性	属性值	级别	序号	属性	属性值	级别
1	【标题】	游戏(&G)	一级菜单	7	【标题】	退出	二级菜单，【游戏】菜单的子菜单
	【名称】	mnuGame			【名称】	mnuGameQuit	
2	【标题】	开始游戏	二级菜单，【游戏】菜单的子菜单	8	【标题】	设置	一级菜单
	【名称】	mnuGameStart			【名称】	mnuSet	
	【快捷键】	F2		9	【标题】	难度	二级菜单，【设置】菜单的子菜单
3	【标题】	暂停	二级菜单，【游戏】菜单的子菜单		【名称】	mnuSetSpeed	
	【名称】	mnuGamePause		10	【标题】	难	三级菜单，【难度】菜单的子菜单
	【快捷键】	F3			【名称】	mnuSethard	
4	【标题】	重新开始	二级菜单，【游戏】菜单的子菜单	11	【标题】	中	三级菜单，【难度】菜单的子菜单
	【名称】	mnuGameAgain			【名称】	mnuSetMid	

序号	属性	属性值	级别	序号	属性	属性值	级别
5	【快捷键】	F4		12	【标题】	容易	三级菜单，【难度】菜单的子菜单
					【名称】	mnuSetNor	
6	【标题】	-	二级菜单，【游戏】菜单的子菜单				
	【名称】	mnuGameSeper1					

8. 单击【工程】面板中的查看代码按钮□，打开代码窗口，添加如下代码：

```vb
Option Explicit
Dim bit As Integer '用于存放击中的次数
Dim numb As Integer '用于存放青蛙出现的位置
Dim pass As Integer '用于存放已经过去的时间
Const counter = 30 '设置游戏时间
Dim speed As Integer '设置游戏难度，游戏越难，青蛙出现得越快
'游戏共用到 3 张图片，一张无表情的青蛙为底图，一张笑脸表情的青蛙用于表示青蛙出现
'一张惊恐表情的青蛙表示青蛙被击中
Private Sub Form_Load()
Dim i As Integer
mnuSethard.Checked = False ' 速度初始设置
mnuSetMid.Checked = False
mnuSetNor.Checked = True
pass = 0
speed = 800
lblFrog.Caption = Str(0)      '显示初始设置
lblTime.Caption = Str(counter)
For i = 0 To 8
    imgFrog(i).Picture = LoadPicture(App.Path + "\ok.bmp")
Next
mnuGamePause.Enabled = False
End Sub

Private Sub imgFrog_Click(Index As Integer)
Dim j As Integer, k As Integer
'单击青蛙出现的位置，青蛙被击中
If numb = Index Then
    bit = bit + 1
    lblFrog.Caption = Str(bit)
    '击中青蛙
    imgFrog(Index).Picture = LoadPicture(App.Path + "\bit.bmp")
```

```
End If
End Sub

Private Sub mnuGameAgain_Click()
'重新开始游戏, 先清零, 然后开始游戏
bit = 0
pass = 0
Timer1.Interval = speed
Timer1.Enabled = True
Timer2.Enabled = True
Timer2.Interval = 1000
lblFrog.Caption = Str(bit)
lblTime.Caption = Str(counter)
End Sub

Private Sub mnuGameQuit_Click()
Unload frmFrog
End Sub

Private Sub mnuGameStart_Click()
'开始游戏
Timer1.Interval = speed
Timer1.Enabled = True
Timer2.Interval = 1000
Timer2.Enabled = True
lblFrog.Caption = Str(bit)
mnuGameStart.Enabled = False
mnuGamePause.Enabled = True
End Sub

Private Sub mnuGamePause_Click()
'暂停游戏, 暂停后还可以继续
If mnuGamePause.Caption = "暂停" Then
   mnuGamePause.Caption = "继续"
   Timer1.Enabled = False
   Timer2.Enabled = False
Else
   mnuGamePause.Caption = "暂停"
   Timer1.Enabled = True
   Timer2.Enabled = True
End If
End Sub
```

```vb
Private Sub mnuSethard_Click()
speed = 400
mnuSethard.Checked = True
mnuSetMid.Checked = False
mnuSetNor.Checked = False
End Sub

Private Sub mnuSetMid_Click()
speed = 600
mnuSethard.Checked = False
mnuSetMid.Checked = True
mnuSetNor.Checked = False
End Sub

Private Sub mnuSetNor_Click()
speed = 800
mnuSethard.Checked = False
mnuSetMid.Checked = False
mnuSetNor.Checked = True
End Sub

Private Sub Timer1_Timer()
Dim i As Integer
If pass = counter Then      '时间到，游戏结束
    Timer1.Enabled = False
    Timer2.Interval = 0
    If bit > 0.7 * Count * 1000 / speed Then
        MsgBox "时间到，游戏结束，你的表现很不错，不要骄傲！", _
            vbInformation, "时间到"
    ElseIf bit > 0.3 * Count * 1000 / speed Then
        MsgBox "时间到，游戏结束，你的表现一般，继续努力！", _
            vbInformation, "时间到"
    Else
        MsgBox "时间到，游戏结束，你的表现很差，加油哦！", _
            vbInformation, "时间到"
    End If
    lblFrog.Caption = Str(0)
    lblTime.Caption = Str(counter)
    mnuGameStart.Enabled = True
    mnuGamePause.Enabled = False
    numb = -1
    pass = 0
```

```
    bit = 0
Else '时间未到，定时地在随机位置出现青蛙
    For i = 0 To 8
        imgFrog(i).Picture = LoadPicture(App.Path + "\ok.bmp")
    Next
        numb = Round(Rnd() * 8)
        '青蛙随机出现
        imgFrog(numb).Picture = LoadPicture(App.Path + "\smile.bmp")
        lblTime.Caption = Str(counter - pass)
End If
End Sub

Private Sub Timer2_Timer()
'游戏计时
pass = pass + 1
End Sub
```

9. 保存工程后，单击工具栏的 ▶ 按钮，运行程序。选择【设置】/【难度】命令，设置游戏的难度后，选择【游戏】/【开始游戏】命令或直接按 F2 键，便可开始游戏。

10. 如果不想玩游戏，选择【游戏】/【退出】命令，退出游戏。

为图像框或图片框的【Picture】属性加载图片时，除了可以在【属性页】对话框中完成之外，还可以使用 LoadPicture 函数来完成，具体语法如下：

图像框或图片框名.Picture = LoadPicture(图片路径)

在本案例中，便是通过 imgApple(numb).Picture = LoadPicture(App.Path + "\redapple.bmp")来加载图片，其中 App.Path 返回当前路径，即打开工程的地方。

【案例小结】

在本案例中，使用 Visual Basic 6.0 设计了一个简单游戏，进一步熟悉了控件使用、图像处理、菜单栏设计等知识，基本上综合了以前所学的大部分基础知识，主要用到以下知识。

- 控件的使用，包括常用基本控件属性（命令按钮控件、单选按钮控件、图像框控件、定时器控件等）的设置以及常用事件的添加。
- 对话框的使用，主要是消息对话框的使用。
- 菜单栏设计以及菜单事件的使用。

11.3 综合案例 3 —— 弹球游戏设计

设计如图 11-13 所示弹球游戏，游戏玩法如下：游戏开始后，一个小球便在窗体上弹跳。在键盘上按左、右箭头键，便可以移动窗体下面用于接球的托把。如果托把接住了小球，小球被弹起；如果托把没有接住小球，则游戏结束，弹出如图 11-14 所示的提示框。游戏具体操作如下。

- 选择【游戏】/【开始游戏】命令或直接按 F2 键，便可开始游戏。

图11-13　游戏界面　　　　　　　　　　　　　　图11-14　游戏结束提示框

- 选择【游戏】/【暂停游戏】命令或直接按 F3 键，暂停游戏；游戏暂停后，菜单【游戏】/【暂停游戏】变为【游戏】/【继续游戏】；选择【游戏】/【继续游戏】命令，继续游戏。
- 选择【游戏】/【退出】命令，退出游戏。
- 选择【游戏】/【难度】命令，设置游戏的难度。

【操作步骤】

1. 启动 Visual Basic 6.0，新建一个标准工程。
2. 将窗体的【Caption】属性设为 "弹球游戏"，【MaxButton】、【MinButton】属性都设为 "False"。
3. 向窗体中添加两个标签控件、1 个图像框控件、1 个形状控件、1 个直线控件，按表 11-4 设置有关控件属性，并调整控件大小及位置，如图 11-15 所示。

表 11-4　　　　　　　　　　　　　　控件属性

控件	属性	属性值
Label1	【名称】	lblScore
	【Alignment】	2 – Center
	【BorderStyle】	1 – Fixed Single
	【BackColor】	&H00FFFFC0&（紫色）
	【Caption】	0
	【ForeColor】	&H000000FF&（红色）
Label2	【Caption】	积分
Shape1	【名称】	Shapel
	【FillColor】	&H00FF0000&（蓝色）
	【Shape】	2 – Circle
Line1	【名称】	Linel
	【BorderColor】	&H000000FF&（红色）
	【BorderWidth】	10
Picture1	【名称】	picBall
	【BackColor】	&H00FFFFFF&（白色）

4. 选中窗体，然后单击工具栏上的 按钮，弹出【菜单编辑器】对话框，并按表 11-5 设置菜单栏。

5. 菜单设计完毕后，单击 确定 按钮，返回窗体。

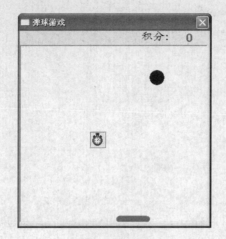

图11-15 调整后的窗体

表 11-5 菜单属性

序号	属性	属性值	级别	序号	属性	属性值	级别
1	【标题】	游戏(&G)	一级菜单	6	【标题】	难	三级菜单，【难度】菜单的子菜单
	【名称】	mnuGame			【名称】	mnuGameDiff	
2	【标题】	开始游戏	二级菜单，【游戏】菜单的子菜单	7	【标题】	中	三级菜单，【难度】菜单的子菜单
	【名称】	mnuGameNew(&N)			【名称】	mnuGameMid	
	【快捷键】	F2		8	【标题】	容易	三级菜单，【难度】菜单的子菜单
3	【标题】	暂停游戏(&P)	二级菜单，【游戏】菜单的子菜单		【名称】	mnuGameEasy	
	【名称】	mnuGamePause		9	【标题】	–	二级菜单，【游戏】菜单的子菜单
	【快捷键】	F3			【名称】	mnuGameSeper2	
4	【标题】	–	二级菜单，【游戏】菜单的子菜单	10	【标题】	退出	二级菜单，【游戏】菜单的子菜单
	【名称】	mnuGameSeper1			【名称】	mnuGameQuit	
5	【标题】	难度	二级菜单，【游戏】菜单的子菜单		【快捷键】	F5	
	【名称】	mnuGameSet					

6. 单击【工程】面板中的查看代码按钮 ，打开代码窗口，添加如下代码。

```
Option Explicit
Dim x_step As Integer
```

```vb
Dim y_step As Integer
Dim linewidth As Integer
Dim gamescore As Integer
Dim gametime As Integer
Dim move_x As Integer

Private Sub Form_Load()
x_step = 250
y_step = 250
Timer1.Enabled = False
gamescore = 0
linewidth = 1800
gametime = 400
Form1.Left = (Screen.Width - Form1.Width) / 2
Form1.Top = (Screen.Height - Form1.Height) / 2 - 600
End Sub

Private Sub mnuGameDiff_Click()
linewidth = 450
gametime = 100
mnuGameEasy.Checked = False
mnuGameMid.Checked = False
mnuGameDiff.Checked = True
End Sub

Private Sub mnuGameEasy_Click()
linewidth = 1800
gametime = 400
mnuGameEasy.Checked = True
mnuGameMid.Checked = False
mnuGameDiff.Checked = False
End Sub

Private Sub mnuGameMid_Click()
linewidth = 900
gametime = 200
mnuGameEasy.Checked = False
mnuGameMid.Checked = True
mnuGameDiff.Checked = False
End Sub

Private Sub mnuGameNew_Click()
  Timer1.Enabled = True
```

```
 Line1.X1 = 1080
 Line1.X2 = Line1.X1 + linewidth
 Timer1.Interval = gametime
 lblScore.Caption = gamescore
 Shape1.Top = 600
 move_x = 0
 mnuGameNew.Enabled = False
 mnuGamePause.Enabled = True
End Sub

Private Sub mnuGamePause_Click()
If mnuGamePause.Caption = "暂停游戏" Then
    Timer1.Enabled = False
    mnuGamePause.Caption = "继续游戏"
Else
    Timer1.Enabled = True
    mnuGamePause.Caption = "暂停游戏"
End If
End Sub

Private Sub mnuGameQuit_Click()
Unload Form1
End Sub

Private Sub picBall_KeyDown(KeyCode As Integer, Shift As Integer)
 Select Case KeyCode
 Case 37 '如果按下左箭头,使托板向左移动
    If Line1.X1 <= picBall.Left Then
       Line1.X1 = picBall.Left
    Else
       Line1.X1 = Line1.X1 - (90 + move_x)
       Line1.X2 = Line1.X2 - (90 + move_x)
    End If
 Case 39 '如果按下右箭头,使托板向右移动
    If Line1.X2 >= picBall.Left + picBall.Width Then
       Line1.X2 = picBall.Left + picBall.Width
    Else
       Line1.X1 = Line1.X1 + (90 + move_x)
       Line1.X2 = Line1.X2 + (90 + move_x)
    End If
End Select
End Sub
```

```vb
Private Sub Timer1_Timer()
'右壁弹回
If Shape1.Left + Shape1.Width >= picBall.Left + picBall.Width Then
    Shape1.Left = picBall.Left + picBall.Width - Shape1.Width
    x_step = -x_step
End If
'左壁弹回
If Shape1.Left <= 0 Then
    Shape1.Left = 0
    x_step = -x_step
End If
'上壁弹回
If Shape1.Top <= 0 Then
    Shape1.Top = 0
    y_step = -y_step
End If
'弹板弹回
If Shape1.Top + Shape1.Height >= Line1.Y1 And _
    Shape1.Left >= Line1.X1 And _
    Shape1.Left <= Line1.X2 Then
    Shape1.Top = Line1.Y1 - Shape1.Height
    y_step = -y_step
    gamescore = gamescore + 10
    lblScore.Caption = gamescore
End If
'使小球移动
Shape1.Move Shape1.Left + x_step, Shape1.Top + y_step
If Shape1.Top >= Line1.Y1 Then
    Timer1.Enabled = False
    MsgBox "你输了!!!!", vbCritical + vbOKOnly, "游戏结束"
    mnuGameNew.Enabled = True
    mnuGamePause.Enabled = False
    Call start_game
End If
End Sub

Public Sub start_game()
gamescore = 0
lblScore.Caption = 0
Shape1.Top = 600
```

```
move_x = 0
End Sub
```

7. 保存工程后，单击 ▶ 按钮，运行程序。选择【菜单】/【难度】命令，设置游戏的难度后，选择【游戏】/【开始游戏】命令或直接按 F2 键，便可开始游戏。

8. 如果不想玩游戏，选择【游戏】/【退出】命令，退出游戏。

【案例小结】

在本案例中，使用直线控件和形状控件设计了一个弹球游戏，主要用到以下知识。

*   直线控件、形状控件的常用属性。
*   使用定时器控件制作简单动画。
*   消息对话框的使用。
*   菜单栏设计以及菜单事件的使用。

11.4　综合案例 4 —— 简单画图板设计

设计如图 11-16 所示的画图板，具体操作如下。

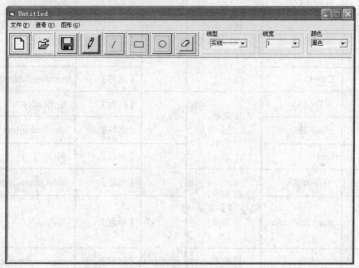

图11-16　画图板

*   在【线型】栏、【线宽】栏、【颜色】栏中设置绘图属性后，单击工具栏中对应图形的快捷按钮或选择【图形】菜单中的相应命令，便可以绘制常用的图形。
*   选择【文件】菜单中的相应命令或单击工具栏中前 3 个快捷按钮，便可以实现新建文件、保存文件以及打开文件的功能。
*   选择【文件】/【退出】命令，退出程序。
*   选择【查看】/【工具栏】命令，可以关闭或打开工具栏。

【操作步骤】

1. 启动 Visual Basic 6.0，新建一个标准工程。

2. 向窗体中添加一个图片框控件，并将【名称】属性设为 "pic2DCAD"，【BackColor】属性设为 "白色"。

3. 选中窗体，将窗体的【名称】属性设为 "frmDraw"，【Caption】属性设为 "画图板"，【MaxButton】属性设为 "False"。

4. 单击工具栏上的 按钮，弹出【菜单编辑器】对话框，并按表 11-6 设置菜单栏。

表 11-6　　　　　　　　　　　　　菜单属性

序号	属性	属性值	级别	序号	属性	属性值	级别
1	【标题】	文件(&F)	一级菜单	9	【标题】	查看(&V)	一级菜单
	【名称】	mnuFile			【名称】	mnuView	
2	【标题】	新建(&N)	二级菜单，【文件】菜单的子菜单	10	【标题】	工具栏(&T)	二级菜单，【查看】菜单的子菜单
	【名称】	mnuFileNew			【名称】	mnuViewTool	
	【快捷键】	Ctrl+N		11	【标题】	图形(&G)	一级菜单
3	【标题】	–	二级菜单，【文件】菜单的子菜单		【名称】	mnuGraph	
	【名称】	mnuGameSep1		12	【标题】	曲线(&P)	二级菜单，【图形】菜单的子菜单
4	【标题】	打开 (&O)	二级菜单，【文件】菜单的子菜单		【名称】	mnuGraphPen	
	【名称】	mnuFileOpen		13	【标题】	直线(&L)	二级菜单，【图形】菜单的子菜单
	【快捷键】	Ctrl+O			【名称】	mnuGraphLine	
5	【标题】	保存(&S)	二级菜单，【文件】菜单的子菜单	14	【标题】	矩形(&R)	二级菜单，【图形】菜单的子菜单
	【名称】	mnuFileSave			【名称】	mnuGraphRect	
	【快捷键】	Ctrl+S		15	【标题】	圆(&C)	二级菜单，【图形】菜单的子菜单
6	【标题】	另存为(&S)	二级菜单，【文件】菜单的子菜单		【名称】	mnuGraphCircle	
	【名称】	mnuFileSaveAs		16	【标题】	橡皮(&R)	二级菜单，【图形】菜单的子菜单
7	【标题】	–	二级菜单，【文件】菜单的子菜单		【名称】	mnuGraphRubber	
	【名称】	mnuGameSep2					
8	【标题】	退出(&Q)	二级菜单，【文件】菜单的子菜单				
	【名称】	mnuFileQuit					
	【快捷键】	F5					

5. 菜单设计完毕后，单击 确定 按钮，返回窗体。

6. 选择【工程】/【部件】命令，弹出【部件】对话框。

7. 拖动【部件】对话框【控件】列表右端的滚动条，分别勾选【Microsoft Windows Common Control 6.0】项和【Microsoft Common Dialog Control 6.0】项。

8. 单击 确定 按钮，向工具箱中添加图像列表控件、工具条控件以及通用对话框控件。

9. 在工具箱中，双击图像列表控件，向窗体中添加图像列表控件；双击工具条控件，向窗体中添加工具条控件；双击通用对话框控件，向窗体中添加通用对话框控件。

10. 在窗体上选中图像列表控件，然后在其上单击鼠标右键，从弹出的快捷菜单中选择【属性】命令，弹出图像列表控件的【属性页】对话框。

11. 选择【属性页】对话框中的【图像】选项卡，单击按钮 插入图片(P)... ，弹出【选定图像】对话框，将【查找范围】的路径设为 "D: \VB 程序\ 案例 11-4\图片"，在文件列表框中选择 "新建.bmp" 文件，然后单击 打开(O) 按钮，向图像列表控件中添加第 1 个图像。

12. 重复第 11 步 7 次，依次打开 "打开.bmp"、"保存.bmp"、"画笔.bmp"、"直线.bmp"、"矩形.bmp"、"圆.bmp" 和橡皮.bmp" 文件，向图像列表控件中添加剩余 7 个图像，添加完图像后的【属性页】对话框如图 11-17 所示。（注意：务必按顺序打开对应文件，否则图像的索引值会不一致。）

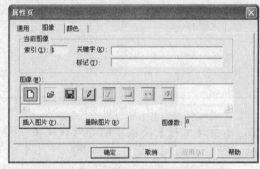

图11-17　添加完图像后的【属性页】对话框

13. 单击 确定 按钮，返回窗体。

14. 在窗体上选中工具条控件，并在其上单击鼠标右键，从弹出的快捷菜单中选择【属性】命令，弹出工具条控件的【属性页】对话框。单击【图像列表】栏右端的箭头，从下拉列表中选择【ImageList1】选项。

15. 切换到【按钮】选项卡。单击 插入按钮(N) 按钮，便向工具栏中加入一个按钮，在【工具提示文本】文本框中输入 "新建"，在【图像】文本框中输入 "1"。

16. 重复第 15 步 7 次，向工具栏中添加另外 7 个按钮，并按表 11-7 设置按钮的有关属性。

表 11-7　　　　　　　　　　　　按钮的有关属性

按钮索引	工具提示文本	图像
2	打开	2
3	保存	3
4	画曲线	4
5	画直线	5
6	画矩形	6
7	画圆	7
8	擦除	8

17. 单击 确定 按钮，便创建了如图 11-16 所示的工具栏，调整窗体和图片框的大小至如图 11-18 所示。

18. 先向工具栏中添加 3 个框架控件，然后向每个框架控件中添加一个组合框控件，调整各个控件大小至如图 11-19 所示。

19. 将 3 个框架控件的【Caption】属性依次设为 "线型"、"线宽"、"颜色"，将 3 个组合框

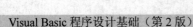

Visual Basic 程序设计基础（第 2 版）

控件的【名称】属性依次设为"cboLineStyle"、"cboLineWidth"、"cboLineColor"，并删除【Text】属性中的文字。

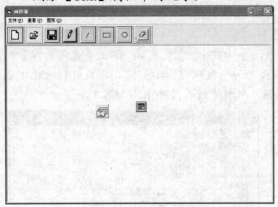

图11-18 调整后的窗体

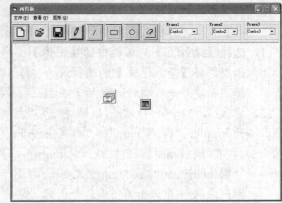

图11-19 添加控件后的窗体

20. 单击【工程】面板中的查看代码按钮，打开代码窗口，添加如下代码。

```
Option Explicit
'定义用于记录文件名的全局变量
Dim Filename As String
'定义用于记载图形类型的全局变量
Dim GraphStyle As Integer
'定义用于确定是否画各种图形的全局变量
Dim CanDraw As Boolean
'定义存储点的坐标的全局变量
Dim x0, y0, xnow, ynow As Single
'定义用于计算半径的全局变量
Dim radius0, radius As Single
Dim dirty As Boolean

Private Sub cboLineColor_LostFocus()
DrawSet
End Sub

Private Sub cboLineStyle_LostFocus()
DrawSet
End Sub

Private Sub cboLineWidth_LostFocus()
DrawSet
End Sub

Private Sub Form_Load()
mnuViewTool.Checked = True
pic2DCAD.AutoRedraw = True
```

```
'加载图片
pic2DCAD.Picture = LoadPicture()
Filename = "Untitled"
dirty = False
'初始化
cboLineStyle.AddItem "实线———"
cboLineStyle.AddItem "虚线------"
cboLineStyle.AddItem "点划线-·-·"
cboLineWidth.AddItem "1"
cboLineWidth.AddItem "2"
cboLineWidth.AddItem "3"
cboLineWidth.AddItem "4"
cboLineColor.AddItem "黑色"
cboLineColor.AddItem "红色"
cboLineColor.AddItem "蓝色"
frmDraw.Caption = Filename
cboLineStyle.ListIndex = 0
cboLineWidth.ListIndex = 0
cboLineColor.ListIndex = 0
DrawSet
'建立自定义坐标系
pic2DCAD.Scale (-150, 100)-(150, -100)
End Sub

Private Sub Form_Unload(Cancel As Integer)
End
End Sub

Private Sub mnuFileNew_Click()
Dim s As Integer
If dirty = True Then
'显示保存消息框
 s = MsgBox("文件已改变,是否保存?", vbYesNoCancel + vbInformation, "保存")
'根据单击按钮的不同执行不同的操作
    Select Case s
'单击"是"按钮,则保存文件并新建一个文件
    Case vbYes
        mnuFileSave_Click
        GoTo ss
'单击"否"按钮,则不保存文件,直接新建一个文件
    Case vbNo
```

```
        GoTo ss
'单击"取消"按钮，回到主程序
   Case vbCancel
       Exit Sub
   End Select
Else
   GoTo ss
End If
'新建一个文件
ss:
pic2DCAD.Picture = LoadPicture()
Filename = "Untitled"
frmDraw.Caption = Filename
End Sub

Private Sub mnuFileOpen_Click()
Dim s As Integer
If dirty = True Then
'显示保存消息框
 s = MsgBox("文件已改变,是否保存?", vbYesNoCancel + vbInformation, "保存")
'根据单击按钮的不同执行不同的操作
   Select Case s
'单击"是"按钮，则保存文件并新建一个文件
       Case vbYes
           mnuFileSave_Click
           GoTo ss
'单击"否"按钮，则不保存文件直接新建一个文件
       Case vbNo
           GoTo ss
'单击"取消"按钮，回到主程序
       Case vbCancel
           Exit Sub
       End Select
Else
   GoTo ss
End If
'新建一个文件
ss:
CommonDialog1.ShowOpen
pic2DCAD.Picture = LoadPicture(CommonDialog1.Filename)
```

```
frmDraw.Caption = CommonDialog1.Filename
End Sub

Private Sub mnuFileQuit_Click()
Dim s As Integer
'显示退出消息框
s = MsgBox("是否保存文件?", vbYesNoCancel + vbInformation, "退出")
'根据所单击的按钮执行不同的操作
Select Case s
'单击"是"按钮，保存文件，然后退出程序
    Case vbYes
        mnuFileSave_Click
        GoTo ss
'单击"否"按钮，不保存文件，直接退出程序
    Case vbNo
        GoTo ss
'单击"取消"按钮，回到主程序
    Case vbCancel
        Exit Sub
End Select
'退出程序
ss:
Unload frmDraw
End Sub

Private Sub mnuFileSave_Click()
On Error GoTo errorhandle
' 设置过滤器
CommonDialog1.Filter = "bmp 文件|*.bmp|所有文件|*.*"
' 设置默认过滤器
 CommonDialog1.FilterIndex = 1
If Filename = "Untitled" Then
'如果文件尚未命名，则显示"保存"对话框
    CommonDialog1.ShowSave
    Filename = CommonDialog1.Filename
    SavePicture pic2DCAD.Image, Filename
 '否则直接保存
Else
    SavePicture pic2DCAD.Image, Filename
End If
frmDraw.Caption = Filename
```

```
errorhandle:
Exit Sub
End Sub

Private Sub mnuFileSaveAs_Click()
On Error GoTo errorhandle
' 设置过滤器
CommonDialog1.Filter = "bmp 文件|*.bmp|所有文件|*.*"
' 设置默认过滤器
CommonDialog1.FilterIndex = 1
'显示"另存为"对话框
CommonDialog1.ShowSave
Filename = CommonDialog1.Filename
'保存文件
SavePicture pic2DCAD.Image, Filename
frmDraw.Caption = Filename
errorhandle:
Exit Sub
End Sub

Private Sub mnuGraphCircle_Click()
GraphStyle = 4
End Sub
Private Sub mnuGraphLine_Click()
GraphStyle = 2
End Sub

Private Sub mnuGraphPen_Click()
GraphStyle = 1
End Sub

Private Sub mnuGraphRect_Click()
GraphStyle = 3
End Sub

Private Sub mnuGraphRubber_Click()
pic2DCAD.Cls
End Sub

Private Sub mnuViewTool_Click()
'让工具栏在可见和不可见之间切换
mnuViewTool.Checked = Not mnuViewTool.Checked
End Sub
```

```
Private Sub pic2DCAD_MouseDown(Button As Integer, Shift _
As Integer, X As Single, Y As Single)
'在图片框上单击鼠标右键，弹出"图形"菜单的子菜单
If Button = 2 Then
PopupMenu mnuDraw
End If
'单击鼠标，开始准备画图
If Button = 1 Then
'记下鼠标单击的位置
    x0 = X
    y0 = Y
    xnow = X
    ynow = Y
'可以画图
    CanDraw = True
End If
'将"DrawMode"属性设为 2，表示画出的直线与当前屏幕颜色相反
'这样就可以通过画同样的直线来达到擦除的目的
pic2DCAD.DrawMode = 7
End Sub

Private Sub pic2DCAD_MouseMove(Button As Integer, Shift _
As Integer, X As Single, Y As Single)
If CanDraw Then
'实现拖动绘图
    Select Case GraphStyle
    ' 绘制直线
    Case 2
    '现在鼠标上一次移动位置画直线，擦除鼠标上一次移动所画的直线
        pic2DCAD.Line (x0, y0)-(xnow, ynow), Not (pic2DCAD.ForeColor)
        '在鼠标移动所在的新位置画直线
        pic2DCAD.Line (x0, y0)-(X, Y), Not (pic2DCAD.ForeColor)
    ' 绘制矩形
    Case 3
        pic2DCAD.Line (x0, y0)-(xnow, ynow), Not (pic2DCAD.ForeColor), B
        pic2DCAD.Line (x0, y0)-(X, Y), Not (pic2DCAD.ForeColor), B
    ' 绘制圆
    Case 4
        radius0 = Sqr((xnow - x0) ^ 2 + (ynow - y0) ^ 2)
        radius = Sqr((X - x0) ^ 2 + (Y - y0) ^ 2)
```

```
      pic2DCAD.Circle (x0, y0), radius0, Not (pic2DCAD.ForeColor)
      pic2DCAD.Circle (x0, y0), radius, Not (pic2DCAD.ForeColor)
    ' 任意曲线
    Case 1
      pic2DCAD.Line -(X, Y), Not (pic2DCAD.ForeColor)
    End Select
xnow = X
ynow = Y
End If
End Sub

Private Sub pic2DCAD_MouseUp(Button As Integer, Shift As Integer, X _
As Single, Y As Single)
'结束画图
CanDraw = False
Dirty=True
End Sub

Private Sub Toolbar1_ButtonClick(ByVal Button As MSComctlLib.Button)
pic2DCAD.AutoRedraw = True
'让工具栏上的按钮与相应的菜单对应起来
Select Case Button.Index
Case 1
mnuFileNew_Click
Case 2
mnuFileOpen_Click
Case 3
mnuFileSave_Click
Case 4
mnuGraphPen_Click
Case 5
mnuGraphLine_Click
Case 6
mnuGraphRect_Click
Case 7
mnuGraphCircle_Click
Case 8
mnuGraphRubber_Click
End Select
End Sub

Public Sub DrawSet()
```

```
pic2DCAD.DrawStyle = cboLineStyle.ListIndex
If cboLineStyle.ListIndex <> 0 Then
    pic2DCAD.DrawWidth = 1
    cboLineWidth.ListIndex = 0
 Else
    pic2DCAD.DrawWidth = cboLineWidth.ListIndex + 1
End If
Select Case cboLineColor.ListIndex
    Case 0
        pic2DCAD.ForeColor = vbBlack
    Case 1
        pic2DCAD.ForeColor = vbRed
    Case 2
        pic2DCAD.ForeColor = vbBlue
End Select
End Sub
```

21. 保存工程后，单击 ▶ 按钮，运行程序。在【线型】栏、【线宽】栏、【颜色】栏中设置绘图属性后，单击工具栏中对应图形的快捷按钮或选择【图形】菜单中相应的菜单命令，便可以绘制常用的图形。

22. 选择【文件】/【保存】命令或工具栏中的快捷按钮，如果是第一次保存，弹出如图 11-20 所示的【另存为】对话框，在【文件名】文本框中输入文件名，然后单击 保存(S) 按钮，便可以保存文件。如果已经保存过，则直接保存即可。

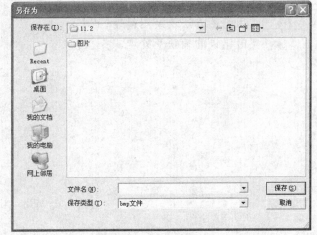

图11-20 【另存为】对话框

23. 选择【文件】/【新建】命令，弹出如图 11-21 所示的【保存】对话框，单击 是(Y) 按钮，则在保存文件后新建空白文件；单击 否(N) 按钮，则直接新建文件并不保存现有文件；单击 取消 按钮，则取消操作。

24. 选择【文件】/【打开】命令，弹出如图 11-21 所示的【保存】对话框，单击 是(Y) 按钮，先保存文件，然后弹出如图 11-22 所示的【打开】对话框，在文件列表框中选中某个文件，单击 打开(O) 按钮，便可以打开文件中对应的图形；单击 取消 按钮，则取消操作。

25. 选择【文件】/【退出】命令，直接退出程序。

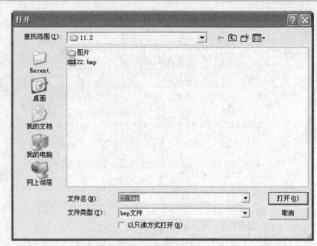

图11-21 【保存】对话框   图11-22 【打开】对话框

【案例小结】

在本案例中，使用 Visual Basic 6.0 设计了一个简单画图板程序。通过本案例的学习，进一步熟悉了菜单栏、标题栏的设计，了解 Visual Basic 6.0 常用绘图方法及绘图属性，主要用到以下知识。

- 菜单栏设计以及菜单事件的使用。
- 工具栏的设计以及工具栏常用事件的使用。
- 消息对话框的使用。
- 常用绘图方法及绘图属性。
- 实时错误的捕获及处理。